◆分子シミュレーション講座◆

# モンテカルロ・シミュレーション

新装版

神山新一・佐藤　明
［著］

朝倉書店

本書は，分子シミュレーション講座　第1巻『モンテカルロ.シミュレーション』（1997年刊行）を再刊行したものです

本書で紹介したプログラムは，小社WEBサイト

　http://www.asakura.co.jp/books/isbn/978-4-254-12691-4/

よりダウンロードできます．

# まえがき

安価で高性能のワークステーションやパーソナルコンピュータの出現は，種々の分野での計算機シミュレーションを益々活性化し，従来にも増して活発な計算機シミュレーションによる研究が各方面で行われている．科学技術の進歩と相俟って，より高精度の計算技術が要求されるようになった昨今，従来の連続体としての現象把握から，より微視的な立場に立った解析が必要とされるに至っている．さらに，従来の学問体系の区分，例えば，機械工学とか化学工学とかいった従来型の研究区分から，その学問的狭間である学際領域の研究が，全く新しい技術開発のブレークスルーとなり得る状況になってきており，大学の教育面からもこのような状況を踏まえた学部学科体系を整えつつある．

分子動力学法とモンテカルロ法は，微視的レベルから現象を解明しようとするシミュレーション法であり，ミクロ現象を対象とする工学の分野では，強力な解析手法となりつつある．分子シミュレーションでは，実験室で作り出すことが困難な状況，例えば，微小重力という状況も容易に設定してシミュレーションを行うことができるので，実験が困難な極限状態における諸問題を解決する唯一の手法となり得る場合もある．しかしながら，現在のところ，100M バイト程度のメモリー容量を有する計算機の場合，約 100 万個程度の粒子しか扱うことができないので，このくらいの粒子数で現象が把握できる問題に制限されてしまう制約はある．したがって，分子シミュレーションは，従来の差分法や有限要素法などの数値シミュレーションに取って代わるものではなく，相互補完的な手法ということができる．今までは，分子動力学法やモンテカルロ法を用いたシミュレーション手法を計算機実験とか計算シミュレーションと呼んでいたが，今日では，差分法や有限要素法などの基礎方程式の数値解析法と区別するために，分子シミュレーションと呼ぶのが一般的になっている．

シリーズ第1巻の本書では，熱力学的平衡状態に対するシミュレーション法であるモンテカルロ法について述べている．姉妹書として第2巻「分子動力学シミュレーション」および第3巻「流体ミクロ・シミュレーション」があるが，これらの本では工学的に重要な非平衡状態に対する方法が多く述べられている．したがって，これらの本を合わせてお読み頂くと非常に効果的な学習ができることになる．

本書の特徴として数式が非常に多く出てくるが，これは要点を簡潔に示すのに役立つもので，本書の理解を困難にするものではない．本書では，できるだけこの本の中で議論が閉じるように，数式の誘導も省略しないように心掛けて書いている．また，論点をぼかす恐れがある場合には，式の誘導は付録に回すことにし，結果だけを本文で示して，見通しをよくするように心掛けた．こうすることによって，読者の論点把握を容易にするとともに，数式の誘導も十分自力で行えるものと期待している．ただし，頁数の制限もあるので，数式の証明が本質的でない場合および導出が非常に難解な場合は，参考文献を示して証明を文献に譲った場合もある．

分子動力学法とモンテカルロ法は統計力学が基本になっているので，統計力学の知識がないと十分な理解と問題への適用が得られないという懸念がある．特に，モンテカルロ法の場合には，この事情が強いかも知れない．物理系の学生は別として，工学系の学生に対しては，統計力学がカリキュラムに組み込まれているとは必ずしも言えない．このような事情を鑑みて，本書では，特に統計力学に関する別の本を読まなくても済むように，統計力学の基礎的部分を論じた後，モンテカルロ法の章に入るように工夫している．したがって，統計力学を学んでない学生諸君もなんら差し支えないと考えている．実際に，読者が計算プログラムを作成する際に役立つと思われる有用な種々のサブルーチンやより深く理解するための完全な計算プログラムの例を付録に示した．

以上のように，本書は，学部および大学院の教科書はもちろんのこと，モンテカルロ・シミュレーションに興味を持つ若手研究者にも十分参考になるものと期待している．この書を通じて，モンテカルロ・シミュレーションに興味を覚え，これからの科学技術に活力と新しい息吹を吹き込むような若手研究者が一人でも多く出ることを期待して止まない．

本書で引用した多くの結果は，英国ウェールズ大学（バンゴー）電子工学科の Prof. Chantrell 率いる磁気記録材料研究グループとの共同研究より得られたものである．佐藤の英国滞在中，Prof. Chantrell ならびに Dr. Coverdale との数限りない研究討議から，本著を執筆するに際しての多くの有意義な点を得た．英国滞在の機会を与えて頂いたブリティッシュ・カウンシルも含めて，ここに謝意を表する次第である．

最後に，原稿の TeX 入力に際して，東北大学流体科学研究所研究補助員 千葉美由紀嬢ならびに学生諸君には多大の協力を得た．また，出版に当たり，朝倉書店編集部にはたいへんお世話になった．ここに，厚くお礼申し上げる次第である．

1997 年 3 月

神 山 新 一
佐 藤 　 明

# 目　　次

# 1

# モンテカルロ法の概要

ある物理現象を理論的に解明しようとするとき，まず支配方程式（基礎方程式）を構築し，それを解析的に，もしくは数値的に解くことにより理論解を求める．そして，その理論解を実験結果と比較することにより，現象の本質をより深く把握することができる．

ところで，通常，支配方程式の構築に関しては，分子や原子といった物質の構成要素レベルまで立ち入ることはせず，もう少し巨視的な観点に立つことが多い．例えば，大気圧下での円柱まわりの水の流れについて考えてみる．この場合の流れの支配方程式は，ナビエ・ストークス (Navier-Stokes) 方程式として非常によく知られているが，支配方程式の導出に際しては，水分子が $H_2O$ なる3原子分子であるというような細かい情報は全く必要としない．むしろ，水という流体を連続体とみなし，その連続体の取り扱いの範囲内で導出されたのが，ナビエ・ストークス方程式なのである．

一方，分子シミュレーション (molecular simulation) の立場からするとどうなるであろうか．分子シミュレーションでは，系の構成要素である原子や分子レベル，ある時には，超微粒子レベルの観点に立ち，それらの粒子の微視的な運動を追跡することにより，微視的および巨視的な物理量等の評価を行うものである．したがって，今，例題として取り上げた円柱まわりの流れの問題では，水の分子の並進と回転の運動方程式を数値的に解き，分子の運動を追跡することにより，例えば，分子の速度の時間平均から流速を求めるといった巨視的な量の評価を行う．したがって，水の分子構造，分子間ポテンシャル等が前もってわかっていないと，シミュレーションは実行できないことになる．このように，分子シミュレーションは，連続体としての支配方程式を差分法や有限要素法などで離散化して，その方程式を解くという数値解法とは異なり，系の構成要素である分子レベルといった微視的な立場に立って分子の運動を追跡することにより，現象を解明しようとする方法である．

分子シミュレーション法は，大別すると，モンテカルロ法 (Monte Carlo method，略して MC) と分子動力学法 (molecular dynamics method，略して MD) とがある．モンテカルロ法は，分子の配置をある確率法則の下に乱数を用いて作成していく確率論的な方法であり，分子動力学法は，分子の運動方程式を連立して解く決定論的方法である．

モンテカルロ法という名前の由来は，賭博の町として有名なモンテカルロ（モナコ王国）からきている．サイコロによって当たりはずれを決める賭博ゲームに似て，乱数を用いて系の粒子の移動の是非を決定し，次々と微視的な状態を作成していく手法だからである．この方法は，主に平衡統計力学，すなわち，熱力学的平衡状態にある系に対するシミュレーション法である（統計力学に不慣れな読者は，次章の統計熱力学の基礎を一読した後，本章を読まれることをお勧めする）．

いま，粒子数を $N$，系の体積を $V$，温度を $T$ とする正準集団を考える．この統計集団の場合，粒子の位置 $\boldsymbol{r}_1$，$\boldsymbol{r}_2$，$\cdots$，$\boldsymbol{r}_N$（まとめて $\boldsymbol{r}$ で表すことにする）のみに依存する量 $A$ の集団平均 $\langle A\rangle$ は，正準分布 $\rho(\boldsymbol{r})$，すなわち，

$$\rho(\boldsymbol{r})=\frac{1}{Q}\exp\left\{-\frac{1}{kT}U(\boldsymbol{r})\right\} \tag{1.1}$$

を用いて次のように表される．

$$\langle A\rangle=\int A(\boldsymbol{r})\rho(\boldsymbol{r})d\boldsymbol{r} \tag{1.2}$$

ただし，$k$ はボルツマン定数，$d\boldsymbol{r}=dx_1dy_1dz_1\cdots dx_Ndy_Ndz_N$，$Q$ は配置積分，$U$ は粒子間相互作用のエネルギーの和で，それぞれ次のように表される．

$$Q=\int\exp\left\{-\frac{1}{kT}U(\boldsymbol{r})\right\}d\boldsymbol{r} \tag{1.3}$$

$$U=\sum_{\substack{i=1\\(i<j)}}^{N}\sum_{j=1}^{N}u_{ij} \tag{1.4}$$

ここに，$u_{ij}$は粒子$i$，$j$間の相互作用のエネルギーであり，また，3体相互作用以上の寄与は無視している．

配置積分$Q$は，3次元の場合$3N$重積分となるので，一般的には，解析的に解くのは不可能である．また，シンプソン法などの数値積分法の適用も現実的でない．いま，式(1.1)が指数関数であることを考慮すると，式(1.2)の積分に寄与する粒子配置は，ある限られた配置であるという予測が立つ．したがって，積分に大きく寄与する配置を重点的にサンプリングできれば，式(1.2)の評価が可能となる．この加重サンプリングの概念を用い，さらに，ある特別な推移確率を用いて粒子配置を次々に作成する方法が，モンテカルロ法である．後（第3.3節参照）で詳しく述べることにするが，Metropolisの推移確率を用いると，無限個作成した粒子配置の中のある粒子配置の出現する確率は，正準集団の場合，正準分布に従うものとなる．したがって，式(1.2)は次のように簡単な式になる．

$$\langle A\rangle \simeq \sum_{n=1}^{M} \frac{A(\boldsymbol{r}^n)}{M} \tag{1.5}$$

ここに，$M$はサンプリング数，$\boldsymbol{r}^n$は$n$番目にサンプリングされた粒子配置を意味する．

一方，実験室で測定される量$\overline{A}$は時間平均された量であり，次のように表される．

$$\overline{A} = \lim_{t\to\infty} \frac{1}{(t-t_0)} \int_{t_0}^{t} A(\tau)d\tau \tag{1.6}$$

集団平均$\langle A\rangle$と時間平均$\overline{A}$との関係は第2.1節で論じられる．

# 2

# 統計熱力学の基礎

## 2.1 統 計 集 団

この章では熱力学的平衡状態にある系を対象とする，平衡統計力学 (equilibrium statistical mechanics) の基礎[1~10)]について述べる．ここに，熱力学的平衡状態とは，巨視的レベルにおいて，系が時間的に変化しない状態をいう．もちろん，微視的に見た場合，系の粒子が運動していることは言うまでもない．

いま，粒子数 $N$，系の体積 $V$，温度 $T$ が規定された系を考える．図 2.1(a) に示すように，系の微視的状態は時間の経過と共に刻々と変化していく．したがって，系の微視的状態に依存する量 $A(t)$ を微小時間毎に測定し，それらを式

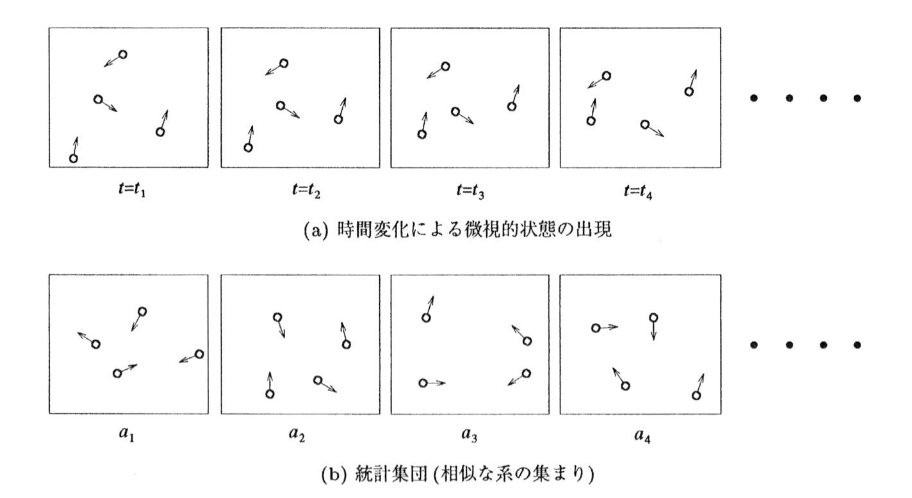


(a) 時間変化による微視的状態の出現

(b) 統計集団 (相似な系の集まり)

図 2.1 統計集団の概念

(1.6) のような形で時間平均すれば，相当する巨視的な量$\overline{A}$が得られる．

さて，ここで時間という概念から離れて，統計的な概念を導入する．図 2.1(b) のように，$(N, V, T)$ の条件を満足する多数の微視的状態を考える．これらの微視的状態は，実際の粒子の時間変化によってできるあらゆる微視的状態を模写するために作った人工的な微視的状態の集まりであり，その要素の各々の状態は互いに異なっている．このような相似の微視的状態の集まりを統計集団 (statistical ensemble) と呼ぶ．もし，統計集団の任意の要素の出現確率がわかれば，物理量 $A$ の統計的な平均値 $\langle A \rangle$ が計算できる．このようにして求める平均を集団平均 (ensemble average) という．

数式を用いてもう少し具体的に説明する．系を構成する粒子の位置と運動量を粒子全体をまとめて，$\boldsymbol{q}$ （$\boldsymbol{q}_1, \boldsymbol{q}_2, \cdots, \boldsymbol{q}_N$のこと），$\boldsymbol{p}$ （$\boldsymbol{p}_1, \boldsymbol{p}_2, \cdots, \boldsymbol{p}_N$のこと）で表せば，ある力学量（粒子の力学的状態，すなわち，位置と運動量によって定まる物理量を特にこのように呼ぶ）$A(\boldsymbol{q}, \boldsymbol{p})$ の集団平均 $\langle A \rangle$ は，確率論の教えるところに従って，

$$\langle A \rangle = \iint A(\boldsymbol{q}, \boldsymbol{p}) \rho(\boldsymbol{q}, \boldsymbol{p}) d\boldsymbol{q} d\boldsymbol{p} \tag{2.1}$$

で表せる．ここに，$\rho(\boldsymbol{q}, \boldsymbol{p}) d\boldsymbol{p} d\boldsymbol{q}$は，微視的状態が $(\boldsymbol{q}, \boldsymbol{p}) \sim (\boldsymbol{q} + d\boldsymbol{q}, \boldsymbol{p} + d\boldsymbol{p})$ の範囲内の値を有して出現する確率を表す．$\rho(\boldsymbol{q}, \boldsymbol{p})$ は，一般的に確率密度 (probability density) あるいは確率密度関数と呼ばれるが，この場合は，位相空間分布関数 (phase space distribution function) という．ここで，位相空間とは，位置と運動量によって表された空間をいい，特に，3 次元の $N$粒子系の場合，$6N$ 次元の位相空間となり，これを$\Gamma$空間と呼ぶ．一方，単粒子系の場合の 6 次元の位相空間を$\mu$空間と呼ぶ．式 (1.6) で表された時間平均$\overline{A}$と集団平均 $\langle A \rangle$ との関係は，エルゴードの定理 (ergodic theorem) より，

$$\overline{A} = \langle A \rangle \tag{2.2}$$

となる．統計力学では，この関係を定理として受け入れる立場を取る．$\rho(\boldsymbol{q}, \boldsymbol{p})$ の式は，後に説明するのでここでは示さないが，$\rho(\boldsymbol{q}, \boldsymbol{p})$ が正準分布と呼ばれる特別な確率密度となるとき，前に取り扱った $(N, V, T)$ 一定の統計集団を正準集団という．この他に，系の取り方によって，他の統計集団が用いられることに

なる．例えば，外界と孤立した系（孤立系）の場合に有用なエネルギー$E$，粒子数$N$，体積$V$が一定の小正準集団や，化学ポテンシャル$\mu$，体積$V$，温度$T$が一定で外界との粒子の出入りを許す系に適した大正準集団などがある．次節において，これらの統計集団の特徴をそれぞれ見ていくことにする．

## 2.2　各種統計集団

### 2.2.1　小 正 準 集 団

小正準集団 (microcanonical ensemble) は，系の粒子数$N$，体積$V$，エネルギー$E$が規定され，かつ，取り得る任意の微視的状態が等しい確率で出現する統計集団のことである．この集団は，外界とまったく孤立した系を対象とするのに非常に都合のよい統計集団である．この場合の確率密度を小正準分布 (microcanonical distribution) と呼び，微視的状態は小正準分布に従って生じる．この分布を$\rho(r)$で表せば，次のようになる．

$$\rho(r) = C \tag{2.3}$$

ここに，$r$は系の取り得る任意の微視的状態を表し，$C$は定数である．式 (2.3) は，各微視的状態が等しい確率で生じることを意味している．したがって，取り得る微視的状態の総数を$W$とすれば，

$$C = \frac{1}{W} \tag{2.4}$$

となり，ゆえに，確率の規格化の条件から，$\rho(r)$ は次のように書ける．

$$\rho(r) = \frac{1}{W} \tag{2.5}$$

以上の議論では，微視的配置を離散的に考えたが，この場合，一つの微視的状態を一つの量子状態と捕らえれば，以上の議論は理解し易くなる．もし，粒子の位置と運動量で力学的状態が表されるような系の場合，それらを粒子全体まとめて$\boldsymbol{r}$と$\boldsymbol{p}$で表すものとすれば，式 (2.4) と (2.5) はそれぞれ次のようになる．

$$W = \frac{1}{N!h^{3N}} \iint \delta(H(\boldsymbol{r},\boldsymbol{p}) - E) d\boldsymbol{r} d\boldsymbol{p} \tag{2.6}$$

$$\rho(\boldsymbol{r},\boldsymbol{p}) = \frac{\delta(H(\boldsymbol{r},\boldsymbol{p}) - E)}{N!h^{3N}W} \tag{2.7}$$

ここに，$h$ はプランク定数，$\delta$はディラック (Dirac) のデルタ関数であり，この関数の詳細は付録 A1 に載せてある．プランク定数は，古典的取り扱いで算出した式に量子論的補正を加えるために生じたものである．また，$N!$は，粒子が識別不可能であることを取り入れるための補正値である．なお，固体の場合には，分子が気体や液体のように動きまわらないので，$N!$の補正は必要ない．$H(\boldsymbol{r},\boldsymbol{p})$ はハミルトニアン (Hamiltonian)，もしくは，ハミルトン関数 (Hamilton's function) と呼ばれており，運動エネルギー $K(\boldsymbol{p})$ とポテンシャル・エネルギー $U(\boldsymbol{r})$ の和で表される．すなわち，

$$H(\boldsymbol{r},\boldsymbol{p}) = K(\boldsymbol{p}) + U(\boldsymbol{r}) = \frac{1}{2m}\sum_i \boldsymbol{p}_i^2 + U(\boldsymbol{r}) \tag{2.8}$$

ここで次の議論に移る前に，熱力学的量と統計力学的量を関係づける重要な関係式を示しておく．これは，ボルツマンの原理 (Boltzmann's principle) として知られている．すなわち，エントロピー $S$は，微視的状態の総数 $W$によって次のように表される．

$$S = k\ln W \tag{2.9}$$

ここに，$k$はボルツマン定数である．この式は，取り得る微視的状態の数が多ければ，それだけ大きなエントロピーを与えることを表している．

熱力学の第 1 法則 (first law of thermodynamics)，すなわち，

$$TdS = dE + PdV \tag{2.10}$$

より，温度 $T$と圧力 $P$が次のように得られる．

$$\left.\begin{aligned} T &= \frac{1}{\left(\dfrac{\partial S}{\partial E}\right)_V} \\ P &= -\left(\frac{\partial E}{\partial V}\right)_S \end{aligned}\right\} \tag{2.11}$$

ここに，添字の $S$はエントロピー $S$を一定にして，$E(S,V)$ を微分することを意味する．添字の $V$についても同様である．なお，式 (2.10) は，系に加えた熱量 $TdS$が，内部エネルギーの増加 $dE$と外界に対してなされた仕事量 $PdV$の和として表されることを意味している．

### 2.2.2 正 準 集 団

正準集団 (canonical ensemble) は，系の粒子数 $N$，体積 $V$，温度 $T$ が規定された統計集団であり，実際の実験室で行われる $(N, V, T)$ 一定の系を取り扱うのに非常に都合のよい統計集団である．ある微視的状態 $r$ が，エネルギー $E_r$ となるとき，正準集団の場合，微視的状態 $r$ の出現する確率 $\rho(E_r)$ は次のようになる．

$$\rho(E_r) = \frac{e^{-\frac{E_r}{kT}}}{Z} \tag{2.12}$$

ただし，

$$Z = \sum_r e^{-\frac{E_r}{kT}} \tag{2.13}$$

この確率密度を正準分布という．また，$Z$ は分配関数 (partition function)，あるいは状態和と呼ばれ，小正準集団の $W$ に相当する重要な量である．

もし，多粒子からなる力学系を考えれば，式 (2.12)，(2.13) は次のように書ける．

$$\rho(\boldsymbol{r}, \boldsymbol{p}) = \frac{\exp\left\{-\dfrac{H(\boldsymbol{r}, \boldsymbol{p})}{kT}\right\}}{N! h^{3N} Z} \tag{2.14}$$

$$Z = \frac{1}{N! h^{3N}} \iint \exp\left\{-\frac{H(\boldsymbol{r}, \boldsymbol{p})}{kT}\right\} d\boldsymbol{r} d\boldsymbol{p} \tag{2.15}$$

いま，ハミルトニアン $H(\boldsymbol{r}, \boldsymbol{p})$ が式 (2.8) で表されるとき，分配関数は次のように簡単化できる．

$$\begin{aligned} Z &= \left(\frac{1}{N! h^{3N}} \int \exp\left\{-\frac{K(\boldsymbol{p})}{kT}\right\} d\boldsymbol{p}\right) \cdot \left(\int \exp\left\{-\frac{U(\boldsymbol{r})}{kT}\right\} d\boldsymbol{r}\right) \\ &= Z_K \cdot Z_U \end{aligned} \tag{2.16}$$

このように分配関数は，運動エネルギーおよびポテンシャル・エネルギーのそれぞれの積分値の積の形で表すことができる．$Z_K$ は簡単に積分できて，次のようになる．

$$Z_K = \frac{1}{N! \Lambda^{3N}} \tag{2.17}$$

ここに，$\Lambda$は熱的ド・ブロイ波長 (thermal de Broglie wavelength) と呼ばれ，粒子の質量を $m$ と置けば，次のように表される．

$$\Lambda = \left( \frac{h^2}{2\pi mkT} \right)^{\frac{1}{2}} \tag{2.18}$$

ポテンシャル・エネルギーの積分 $Z_U$は配置積分 (configurational integral) と呼ばれ，分子間力が作用しない理想気体の場合 $V^N$となるが，一般的には解析的に解けない．

正準集団の場合，ヘルムホルツの自由エネルギー (Helmholtz free energy) $F$が分配関数 $Z$と次の関係で結ばれることによって，熱力学的量と統計力学的量が関係づけられる．すなわち，

$$F = -kT \ln Z \tag{2.19}$$

式 (2.19) の関係を用いれば，圧力などの状態量は，すべて分配関数で表せることになる．以下にいくつかの例を示す．

ヘルムホルツの自由エネルギー $F$は，内部エネルギーを $E$，エントロピーを $S$とすれば，次式で定義される．

$$F = E - TS \tag{2.20}$$

式 (2.20) と (2.10) を用いれば，

$$dF = dE - SdT - TdS = -PdV - SdT \tag{2.21}$$

したがって，

$$P = -\left( \frac{\partial F}{\partial V} \right)_T = kT \left( \frac{\partial}{\partial V} \ln Z \right)_T \tag{2.22}$$

$$S = -\left( \frac{\partial F}{\partial T} \right)_V = k \ln Z + kT \left( \frac{\partial}{\partial T} \ln Z \right)_V \tag{2.23}$$

また，内部エネルギー $E$は式 (2.20) と (2.23) を用いれば，

$$E = -kT \ln Z + TS = kT^2 \left( \frac{\partial}{\partial T} \ln Z \right)_V \tag{2.24}$$

と表される．式 (2.16) を用いれば，$E = \langle K + U \rangle$ となることは容易に証明できる．

### 2.2.3　大 正 準 集 団

大正準集団 (grand canonical ensemble) は，系の体積 $V$，温度 $T$，化学ポテンシャル$\mu$（化学ポテンシャルとは，可逆断熱的に系の粒子を 1 個だけ増加するのに必要なエネルギーのことである．詳細は後の定義式を参照のこと）が規定された統計集団である．この統計集団は，エネルギーや粒子の出入りを許す開いた系を取り扱うのに非常に適した統計集団である．

いま，系の粒子数が $N$のとき，ある微視的状態 $r$にある系のエネルギーが $E_N(r)$ とすれば，大正準集団の場合，この微視的状態の出現する確率$\rho(E_N(r))$ は，

$$\rho(E_N(r)) = \frac{\exp\left\{-\dfrac{E_N(r)-\mu N}{kT}\right\}}{\Xi} \tag{2.25}$$

なる大正準分布に従う．ここに，$\Xi$は次式で表される．

$$\Xi = \sum_N \sum_r \exp\left\{-\frac{E_N(r)-\mu N}{kT}\right\} \tag{2.26}$$

これを大分配関数 (grand partition function) といい，正準集団の分配関数 $Z$ と類似の役割を果たす．

多粒子からなる力学系について考えれば，式 (2.25) と (2.26) は次のように書ける．

$$\rho(\boldsymbol{r},\boldsymbol{p},N) = \frac{\exp\left\{-\dfrac{H(\boldsymbol{r},\boldsymbol{p})-\mu N}{kT}\right\}}{N!h^{3N}\Xi} \tag{2.27}$$

$$\begin{aligned}\Xi &= \sum_N \frac{1}{N!h^{3N}}\exp\left(\frac{\mu N}{kT}\right)\iint \exp\left\{-\frac{H(\boldsymbol{r},\boldsymbol{p})}{kT}\right\}d\boldsymbol{r}d\boldsymbol{p}\\ &= \sum_N \exp\left(\frac{\mu N}{kT}\right)Z\end{aligned} \tag{2.28}$$

ここに，$Z$および$\boldsymbol{r}$と$\boldsymbol{p}$は，$N$粒子系を対象としていることに注意されたい．式 (2.28) において，$z=\exp(\mu N/kT)$ を逃散能 (fugacity) と呼ぶ．ハミルトニアン $H(\boldsymbol{r},\boldsymbol{p})$ が式 (2.8) で表されるとき，$\Xi$は次のように書ける．

$$\Xi = \sum_N \frac{1}{N!\Lambda^{3N}}\exp\left(\frac{\mu N}{kT}\right)\int \exp\left\{-\frac{U(\boldsymbol{r})}{kT}\right\}d\boldsymbol{r} \tag{2.29}$$

大分配関数$\Xi$は，圧力と次の関係式で結ばれる．

$$PV = kT \ln \Xi \tag{2.30}$$

この式は，正準集団の式 (2.19) に相当するものである．なお，$\Omega = -PV$と置いて，$\Omega$をグランドポテンシャル (grand potential) と呼ぶ．

さて，粒子の出入りを許す開いた系の場合には，熱力学の第 1 法則は次のように導出できる．まず，内部エネルギーの変化$dE$は，

$$dE = d(Ne) = Nde + edN = N(Tds - Pdv) + edN \tag{2.31}$$

ここに，$e$，$s$，$v$は，粒子 1 個当たりの内部エネルギー，エントロピーおよび体積を意味する．ここで，

$$dS = d(Ns) = Nds + sdN \tag{2.32}$$

$$dV = d(Nv) = Ndv + vdN \tag{2.33}$$

を用いると，式 (2.31) は次のように変形できる．

$$dE = TdS - PdV + (e - Ts + Pv)dN = TdS - PdV + \mu dN \tag{2.34}$$

これが開いた系の熱力学の第 1 法則である．なお，化学ポテンシャル$\mu$は，

$$\mu = e - Ts + Pv = \left(\frac{\partial E}{\partial N}\right)_{SV} \tag{2.35}$$

で定義され，粒子 1 個当たりのギブスの自由エネルギー (Gibbs free energy)，もしくは，粒子 1 個を可逆断熱および体積一定の条件の下で，系に追加するのに必要なエネルギーを意味する．また，ヘルムホルツの自由エネルギー$F$は，式 (2.20) より，

$$F = E - TS \tag{2.36}$$

また，ギブスの自由エネルギー$G$は，次のように定義される．

$$G = F + PV \tag{2.37}$$

次に，これらの式を用いて，熱力学的状態量を大分配関数で表した式の数例を示す．グランドポテンシャルは，

$$\Omega = F - G = E - TS - N\mu \tag{2.38}$$

と表されるので，式 (2.34) を用いると，

$$d\Omega = dE - d(TS) - d(N\mu) = -SdT - PdV - Nd\mu \tag{2.39}$$

が得られる．したがって，

$$S = -\left(\frac{\partial\Omega}{\partial T}\right)_{V\mu} = k\ln\Xi + kT\left(\frac{\partial}{\partial T}\ln\Xi\right)_{V\mu}$$
$$= k\ln\Xi + \frac{E}{T} - \frac{\mu}{T}\langle N\rangle \tag{2.40}$$

$$P = -\left(\frac{\partial\Omega}{\partial V}\right)_{T\mu} = kT\left(\frac{\partial}{\partial V}\ln\Xi\right)_{T\mu} \tag{2.41}$$

$$E = kT^2\left(\frac{\partial}{\partial T}\ln\Xi\right)_{V\mu} + \langle N\rangle\mu \tag{2.42}$$

$$\langle N\rangle = -\left(\frac{\partial\Omega}{\partial\mu}\right)_{VT} = kT\left(\frac{\partial}{\partial\mu}\ln\Xi\right)_{VT} \tag{2.43}$$

式 (2.40) の最後の項は，式 (2.28) を微分して得られた．なお，粒子数は変化するので，$N$を $\langle N\rangle$ と書いたが，これは式 (2.26) や (2.28) からも明らかである．

最後に，参考までに理想気体の化学ポテンシャルの式を示す．式 (2.29) において $U(\boldsymbol{r}) = 0$ と置き，指数関数のマクローリン展開を考慮してその式を整理し，さらに，その式を式 (2.43) に代入して微分すると，次の式が得られる．

$$\frac{\langle N\rangle}{V} = \frac{e^{\frac{\mu}{kT}}}{\Lambda^3} \tag{2.44}$$

この式と理想気体の状態方程式 $PV = \langle N\rangle kT$から $\langle N\rangle$ を消去すれば，理想気体の化学ポテンシャルが次のように求められる．

$$\mu = kT\ln\left(\frac{P}{kT}\Lambda^3\right) \tag{2.45}$$

### 2.2.4 圧力集団

圧力集団 (pressure ensemble) もしくは定温-定圧集団 (isothermal-isobaric ensemble) と呼ばれる集団は，系の粒子数 $N$，温度 $T$，圧力 $P$が規定された統計集団のことである．この統計集団は，圧力が一定で系の体積変化を許す系を取り扱うのに適している．系の体積が $V$のときのある微視的状態 $r$が取るエネルギーを $E_V(r)$ とすれば，圧力集団では，この微視的状態の出現する確率 $\rho(E_V(r))$ は次の分布に従う．

$$\rho(E_V(r)) = \exp\left\{-\frac{E_V(r)+PV}{kT}\right\} \Big/ Y \tag{2.46}$$

ここに $Y$は分配関数に相当する量で，次のように書ける．

$$Y = \sum_V \sum_r \exp\left\{-\frac{E_V(r)+PV}{kT}\right\} \tag{2.47}$$

多粒子からなる力学系について考えれば，式 (2.46) と (2.47) は次のように書ける．

$$\rho(\boldsymbol{r},\boldsymbol{p},V) = \frac{\exp\left\{-\dfrac{H(\boldsymbol{r},\boldsymbol{p})+PV}{kT}\right\}}{N!h^{3N}Y} \tag{2.48}$$

$$\begin{aligned} Y &= \frac{1}{N!h^{3N}} \iiint \exp\left\{-\frac{H(\boldsymbol{r},\boldsymbol{p})+PV}{kT}\right\} d\boldsymbol{r}d\boldsymbol{p}dV \\ &= \int \exp\left(-\frac{PV}{kT}\right) ZdV \end{aligned} \tag{2.49}$$

ハミルトニアン $H(\boldsymbol{r},\boldsymbol{p})$ が式 (2.8) で表されるとき，

$$Y = \frac{1}{N!\Lambda^{3N}} \iint \exp\left\{-\frac{U(\boldsymbol{r})}{kT}\right\} \exp\left\{-\frac{PV}{kT}\right\} d\boldsymbol{r}dV \tag{2.50}$$

この統計集団の場合，ギブスの自由エネルギー $G$ が $Y$と次の式で関係づけられる．

$$G = -kT\ln Y \tag{2.51}$$

ギブスの自由エネルギーの定義式 (2.37) とヘルムホルツの自由エネルギーの式 (2.20) ならびに熱力学の第 1 法則 (2.10) を用いると，

$$dG = -SdT + VdP \tag{2.52}$$

したがって，

$$S = -\left(\frac{\partial G}{\partial T}\right)_P = k\ln Y + kT\left(\frac{\partial}{\partial T}\ln Y\right)_P \tag{2.53}$$

$$\langle V\rangle = \left(\frac{\partial G}{\partial P}\right)_T = -kT\left(\frac{\partial}{\partial P}\ln Y\right)_T \tag{2.54}$$

$$\tilde{H} = kT^2\left(\frac{\partial}{\partial T}\ln Y\right)_P \tag{2.55}$$

ただし，$\tilde{H}$はエンタルピーと呼ばれる量で$\tilde{H} = E + P\langle V\rangle$で定義され，ギブスの自由エネルギーとは$G = \tilde{H} - TS$の関係にある．

## 2.3 熱力学的物理量

### 2.3.1 圧 力

この節では代表的な熱力学的物理量の評価式を示す．熱力学的状態量の中で最も基本となる量は温度と圧力である．温度は粒子の熱運動 (thermal motion) すなわち粒子の速度に関係するので，姉妹書の第 2 巻「分子動力学シミュレーション」のほうで定義式を示す．

圧力はビリアル状態方程式として知られている式で表される．この式の導出は付録 A3 に示してあるので，ここでは結果だけを改めて示すことにする．すなわち，

$$P = \frac{N}{V}kT + \frac{1}{3V}\left\langle \sum_i \sum_{j \atop (i<j)} \boldsymbol{r}_{ij}\cdot\boldsymbol{f}_{ij}\right\rangle \tag{2.56}$$

ここに，$\boldsymbol{r}_{ij} = \boldsymbol{r}_i - \boldsymbol{r}_j$，$\boldsymbol{f}_{ij}$は粒子$j$が粒子$i$に及ぼす力であり，右辺第 1 項は粒子の運動による寄与，第 2 項は粒子間力に起因する項である．なお，動径分布関数を用いて式 (2.56) を別な形に表すことができるが，これは第 2.4 節で示すことにする．

### 2.3.2 ゆらぎに起因する量

多くの熱力学的物理量は系のある量のゆらぎと関係づけられる．例えば正準集団の場合，温度は一定だけれども，系のエネルギー$E$はその平均値$\langle E\rangle$のま

わりにゆらぐ．このゆらぎの大きさとして，標準偏差 (standard deviation)$\sigma$が用いられる．この場合の標準偏差を$\sigma(E)$ とすれば，

$$\sigma^2(E) = \left\langle (\delta E)^2 \right\rangle = \left\langle (E - \langle E \rangle)^2 \right\rangle = \left\langle E^2 \right\rangle - \langle E \rangle^2 \tag{2.57}$$

ここに$\delta E = E - \langle E \rangle$ の記号を用いた．式 (2.57) で表された標準偏差の自乗$\sigma^2$を分散 (variance) という．以上の例からわかるように，どのような量がゆらぐかは対象とする統計集団によって異なる．したがって，以下に示す集団平均は，対象としている統計集団がわかるように下付き添字を付して平均を区別することにする．

熱力学において用いられる代表的な熱力学的物理量の定義式を以下に示す (これらは一般的な熱力学の参考書に載っているので，ここでは以下の議論にて公式として用いる立場を取る)．定積熱容量を $C_V$，定圧熱容量を $C_P$，熱圧力係数を$\gamma_V$，熱膨張係数を$\alpha_P$，等温圧縮率を$\beta_T$，断熱圧縮率を$\beta_S$，音速を $a$，とすれば，

$$\left.\begin{aligned}
C_V &= \left(\frac{\partial E}{\partial T}\right)_V \\
C_P &= \left(\frac{\partial \tilde{H}}{\partial T}\right)_P = \frac{\beta_T}{\beta_S} C_V \\
\alpha_P &= \frac{1}{V}\left(\frac{\partial V}{\partial T}\right)_P \\
\gamma_V &= \left(\frac{\partial P}{\partial T}\right)_V \\
\beta_T &= -\frac{1}{V}\left(\frac{\partial V}{\partial P}\right)_T \\
\beta_S &= -\frac{1}{V}\left(\frac{\partial V}{\partial P}\right)_S = 1 \Big/ \left\{\frac{1}{\beta_T} + VT\frac{\gamma_V^2}{C_V}\right\} \\
a &= \left(\frac{\partial P}{\partial \rho}\right)_S = \sqrt{\frac{V}{N} \cdot \frac{1}{m\beta_S}} \\
\alpha_P &= \beta_T \gamma_V
\end{aligned}\right\} \tag{2.58}$$

ここに，$\tilde{H}$はエンタルピーで$\tilde{H}=E+PV$，$m$は粒子の質量，$\rho$は密度である．もし正準集団を対象とするならば，$C_V$，$\gamma_V$，$\beta_T$は原理的に評価可能であるが，$C_P$や$\beta_S$等の評価はこの統計集団では適当ではない．しかしながら，例えば$\beta_S$の場合，式 (2.58) で示した式を用いて，評価可能量から間接的に求めればよい．上述の熱力学的物理量が系のゆらぎとどのような関係にあるかを各統計集団に対して順次示していく．

**a. 正準集団の場合**

正準集団の場合温度が一定で，実験室環境との対応関係がよいので，まずこの統計集団を取り上げる．定積熱容量$C_V$は式 (2.24) を用いると，

$$C_V=\left(\frac{\partial E}{\partial T}\right)_V=\left(\frac{\partial}{\partial T}\left\{kT^2\left(\frac{\partial}{\partial T}\ln Z\right)_V\right\}\right)_V \tag{2.59}$$

ここで，式 (2.15) の分配関数を用いると，

$$\left(\frac{\partial}{\partial T}\ln Z\right)_V=\frac{\displaystyle\iint H(\boldsymbol{r},\boldsymbol{p})\exp\{-H(\boldsymbol{r},\boldsymbol{p})/kT\}d\boldsymbol{r}d\boldsymbol{p}}{N!h^{3N}Z\cdot kT^2} \tag{2.60}$$

ゆえに，この式を式 (2.59) に代入して計算整理すると，

$$C_V=\frac{1}{kT^2}\left\{\left\langle H^2\right\rangle_{NVT}-\langle H\rangle^2_{NVT}\right\}=\frac{1}{kT^2}\left\langle(\delta H)^2\right\rangle_{NVT} \tag{2.61}$$

もし，ハミルトニアン$H(\boldsymbol{r},\boldsymbol{p})$が式 (2.8) のように書けるなら，

$$\left.\begin{aligned}\left\langle(\delta H)^2\right\rangle_{NVT}&=\left\langle(\delta K)^2\right\rangle_{NVT}+\left\langle(\delta U)^2\right\rangle_{NVT}\\\left\langle(\delta K)^2\right\rangle_{NVT}&=\frac{3}{2}N(kT)^2\end{aligned}\right\} \tag{2.62}$$

となるので，式 (2.61) は次のようにも書ける．

$$C_V=\frac{3}{2}Nk+\frac{1}{kT^2}\left\langle(\delta U)^2\right\rangle_{NVT} \tag{2.63}$$

熱圧力係数$\gamma_V$の評価には，まず圧力$P$の式が必要である．圧力$P$は式 (2.22) で分配関数$Z$と関係づけられているので，直接計算すると表式が求まる．いま

系を一辺の長さが$L$の立方体と考える．$(x_i, y_i, z_i) = (Lx_i^*, Ly_i^*, Lz_i^*)$ なる座標変換を施して，$(x_i^*, y_i^*, z_i^*)$ が体積$V$に依存しない無次元座標を用いると，式(2.15)は次のように変形できる．

$$Z = \frac{V^N}{N!h^{3N}} \int \cdots \int \exp\left\{-\frac{H(L\boldsymbol{r}_1^*, L\boldsymbol{r}_2^*, \cdots, L\boldsymbol{r}_N^*, \boldsymbol{p})}{kT}\right\} d\boldsymbol{r}_1^* d\boldsymbol{r}_2^* \cdots d\boldsymbol{r}_N^* d\boldsymbol{p} \tag{2.64}$$

したがって，

$$\begin{aligned}\left(\frac{\partial}{\partial V}\ln Z\right)_T &= \left(\frac{1}{Z}\frac{\partial Z}{\partial V}\right)_T = \frac{N}{V}\cdot\frac{1}{N!h^{3N}Z}\iint \exp\left(-\frac{H(\boldsymbol{r},\boldsymbol{p})}{kT}\right) d\boldsymbol{r}d\boldsymbol{p} \\ &+ \frac{1}{kTV}\cdot\frac{1}{N!h^{3N}Z}\iint\left(-\frac{1}{3}\sum_{i=1}^{N}\boldsymbol{r}_i\cdot\frac{\partial H}{\partial \boldsymbol{r}_i}\right)\exp\left(-\frac{H(\boldsymbol{r},\boldsymbol{p})}{kT}\right) d\boldsymbol{r}d\boldsymbol{p} \\ &= \frac{N}{V} + \frac{1}{kTV}\cdot\frac{1}{N!h^{3N}Z}\iint\left(\frac{1}{3}\sum_{i=1}^{N}\boldsymbol{r}_i\cdot\boldsymbol{f}_i\right)\exp\left(-\frac{H(\boldsymbol{r},\boldsymbol{p})}{kT}\right) d\boldsymbol{r}d\boldsymbol{p} \\ &= \frac{N}{V} + \frac{1}{kTV}\cdot\frac{1}{N!h^{3N}Z}\iint W\exp\left(-\frac{H(\boldsymbol{r},\boldsymbol{p})}{kT}\right) d\boldsymbol{r}d\boldsymbol{p} \end{aligned} \tag{2.65}$$

ここに式(2.8)および(A3.13)を用いた．両辺に$kT$を掛ければ圧力$P$の式が得られ，この式は付録で示したビリアル状態方程式(A3.10)にまったく等しい．ゆえに式(2.65)を用いて$\gamma_V$を直接計算すると，

$$\gamma_V = \left(\frac{\partial P}{\partial T}\right)_V = \left(\frac{\partial}{\partial T}\left\{kT\left(\frac{\partial}{\partial V}\ln Z\right)_T\right\}\right)_V = \frac{N}{V}k + \frac{1}{VkT^2}\langle\delta U\delta W\rangle_{NVT} \tag{2.66}$$

ただし，$\langle\delta U\delta W\rangle = \langle UW\rangle - \langle U\rangle\langle W\rangle$ である．

等温圧縮率$\beta_T$は次のような逆数の形にすれば求めやすい．

$$\frac{1}{\beta_T} = -V\left(\frac{\partial P}{\partial V}\right)_T \tag{2.67}$$

$\gamma_V$の導出に際して行った手順と同様に，体積に依存しない無次元座標を用いると，式(2.65)より，

$$\left(\frac{\partial P}{\partial V}\right)_T = kT\frac{\partial}{\partial V}\left\{\frac{N}{V} + \frac{1}{kTV}\cdot\frac{1}{N!h^{3N}Z}\iint W\exp\left(-\frac{H(\boldsymbol{r},\boldsymbol{p})}{kT}\right) d\boldsymbol{r}d\boldsymbol{p}\right\}$$

$$
= -\frac{N}{V^2}kT - \frac{1}{V^2}\langle W\rangle_{NVT} - \frac{1}{V^2}\left\langle \frac{1}{9}\sum_{\substack{i \\ (i<j)}}\sum_{j}\frac{dw}{dr_{ij}}r_{ij}\right\rangle_{NVT}
$$

$$
+ \frac{1}{V^2 kT}\left\langle(\delta W)^2\right\rangle_{NVT} \tag{2.68}
$$

この式の導出に際しては，式 (A3.12) を考慮した．したがって，

$$
\frac{1}{\beta_T} = \frac{N}{V}kT + \frac{1}{V}\langle W\rangle_{NVT} + \frac{1}{V}\langle\Psi\rangle_{NVT} - \frac{1}{VkT}\left\langle(\delta W)^2\right\rangle_{NVT} \tag{2.69}
$$

ここに，

$$
\left.\begin{aligned}
\Psi &= \frac{1}{9}\sum_{\substack{i \\ (i<j)}}\sum_{j}\frac{dw}{dr_{ij}}r_{ij} \\
w(r_{ij}) &= -\boldsymbol{r}_{ij}\cdot\boldsymbol{f}_{ij}
\end{aligned}\right\} \tag{2.70}
$$

以上においては，粒子間力は等方的な力と仮定している．

### b. 圧 力 集 団

次に圧力集団の場合を考える．エンタルピー$\tilde{H}$は式 (2.55) と (2.49) を用いれば，

$$
\begin{aligned}
\tilde{H} &= kT^2\left(\frac{\partial}{\partial T}\ln Y\right)_P = kT^2\frac{1}{Y}\left(\frac{\partial Y}{\partial T}\right)_P \\
&= kT^2\frac{1}{Y}\frac{\partial}{\partial T}\left\{\frac{1}{N!h^{3N}}\iiint \exp\left(-\frac{H(\boldsymbol{r},\boldsymbol{p})+PV}{kT}\right)d\boldsymbol{r}d\boldsymbol{p}dV\right\} \\
&= \frac{1}{N!h^{3N}Y}\iiint (H(\boldsymbol{r},\boldsymbol{p})+PV)\exp\left\{-\frac{H(\boldsymbol{r},\boldsymbol{p})+PV}{kT}\right\}d\boldsymbol{r}d\boldsymbol{p}dV
\end{aligned} \tag{2.71}
$$

ゆえに，式 (2.71) を定義式に代入して計算整理すれば，定圧熱容量 $C_P$が次のように得られる．

$$
C_P = \left(\frac{\partial\tilde{H}}{\partial T}\right)_P = \frac{1}{kT^2}\left\langle(\delta(H+PV))^2\right\rangle_{NPT} \tag{2.72}
$$

熱膨張係数$\alpha_P$を求めるには，まず体積 $\langle V\rangle_{NPT}$の式を求めなければならない．これは式 (2.54) と (2.49) より簡単に求まり，次のようになる．

$$
\langle V\rangle_{NPT} = -kT\left(\frac{\partial}{\partial P}\ln Y\right)_T = -kT\frac{1}{Y}\left(\frac{\partial Y}{\partial P}\right)_T
$$

$$= \frac{\iiint V \exp\left(-\frac{H(\boldsymbol{r},\boldsymbol{p})+PV}{kT}\right) d\boldsymbol{r}d\boldsymbol{p}dV}{N!h^{3N}Y} \tag{2.73}$$

ゆえに，$\alpha_P$の定義式にこの式を代入して計算整理すれば，

$$\alpha_P = \frac{1}{\langle V\rangle_{NPT}}\left(\frac{\partial\langle V\rangle_{NPT}}{\partial T}\right)_P = \frac{1}{\langle V\rangle_{NPT}kT^2}\langle \delta V\delta(H+PV)\rangle_{NPT} \tag{2.74}$$

等温圧縮率$\beta_T$は式 (2.73) を用いれば容易に求まる．すなわち，

$$\beta_T = -\frac{1}{\langle V\rangle_{NPT}}\left(\frac{\partial\langle V\rangle_{NPT}}{\partial P}\right)_T = \frac{1}{\langle V\rangle_{NPT}kT}\left\langle(\delta V)^2\right\rangle_{NPT} \tag{2.75}$$

### c.　小正準集団の場合

小正準集団の場合を取り上げる[11]．エントロピー$S$は微視的状態の総数$W$と式 (2.9) によって関係づけられるが，系が十分大きいときには十分な精度で次のようにも表せる[12]．

$$S \simeq k\ln\Phi \tag{2.76}$$

ただし，

$$\Phi = \frac{1}{N!h^{3N}}\iint \Theta(E-H(\boldsymbol{r},\boldsymbol{p}))d\boldsymbol{r}d\boldsymbol{p} \tag{2.77}$$

ここに，$\Theta(x)$ は単位ステップ関数で次の条件を満足する．

$$\Theta(x) = \begin{cases} 0 & (x \leq 0) \\ 1 & (x > 0) \end{cases} \tag{2.78}$$

$$\frac{d\Theta(x)}{dx} = \delta(x) \tag{2.79}$$

$\delta(x)$ は，付録 A1 に示す 1 次元のディラックのデルタ関数である．式 (2.79) の関係はラプラス変換から導くことができるが，ここでは行わないので適当な参

考書[13]を参照されたい．式 (2.79) の関係を用いると，式 (2.6) と (2.77) から次式が得られる．

$$W = \frac{\partial \Phi}{\partial E} \tag{2.80}$$

温度 $\langle T \rangle_{NVE}$は，式 (2.11) において$W$を$\Phi$で置き換えて，次のように得られる．

$$\langle T \rangle_{NVE} = \frac{1}{k\left(\dfrac{\partial}{\partial E}\ln\Phi\right)_V} = \frac{\Phi}{k\left(\frac{\partial \Phi}{\partial E}\right)_V} = \frac{\Phi}{kW} \tag{2.81}$$

以降簡素化のために，$\langle T \rangle_{NVE}$を単に$T$で表すことにする．

さて，次式で示す$Y$を導入する．

$$Y = \frac{1}{N!h^{3N}} \iint K(\boldsymbol{p})\Theta(E - H(\boldsymbol{r}, \boldsymbol{p}))d\boldsymbol{r}d\boldsymbol{p} \tag{2.82}$$

ここに，$K(\boldsymbol{p})$ は運動エネルギーで $K(\boldsymbol{p}) = \lambda \sum_i p_i^2/2$ で与えられる．ただし $\lambda = 1/m$ と置いた．式 (2.82) を$\lambda$で微分すると，

$$\begin{aligned}\left(\frac{\partial (Y/\lambda)}{\partial \lambda}\right)_{SV} &= \frac{1}{N!h^{3N}} \iint \frac{K}{\lambda}\delta(E - H)\left\{\left(\frac{\partial E}{\partial \lambda}\right)_{SV} - \frac{\partial H}{\partial \lambda}\right\} d\boldsymbol{r}d\boldsymbol{p} \\ &= \frac{1}{N!h^{3N}} \iint \frac{K}{\lambda}\delta(E - H)\left\{\left(\frac{\partial E}{\partial \lambda}\right)_{SV} - \frac{K}{\lambda}\right\} d\boldsymbol{r}d\boldsymbol{p}\end{aligned} \tag{2.83}$$

一方，

$$E = \langle K + U \rangle_{NVE} = \lambda \left\langle \sum_i \frac{p_i^2}{2} \right\rangle_{NVE} + \langle U \rangle_{NVE} \tag{2.84}$$

この式を用いると，

$$\begin{aligned}\left(\frac{\partial E}{\partial \lambda}\right)_{SV} = &\left\langle \sum_i \frac{p_i^2}{2} \right\rangle_{NVE} + \lambda \left(\frac{\partial}{\partial \lambda}\left\langle \sum_i \frac{p_i^2}{2} \right\rangle_{NVE}\right)_{SV} \\ &+ \left(\frac{\partial}{\partial \lambda}\langle U \rangle_{NVE}\right)_{SV}\end{aligned} \tag{2.85}$$

ところが，エントロピーおよび体積一定の条件を考慮すると，$(\partial E/\partial\lambda)_{SV} = \langle\partial H/\partial\lambda\rangle_{NVE} = \langle K\rangle_{NVE}/\lambda$から[14)]，式 (2.85) は次式に帰着する．

$$\left(\frac{\partial E}{\partial\lambda}\right)_{SV} = \frac{1}{\lambda}\left\langle\lambda\sum_i\frac{p_i^2}{2}\right\rangle_{NVE} = \frac{\langle K\rangle_{NVE}}{\lambda} \tag{2.86}$$

したがって，式 (2.83) は次のように書ける．

$$\left(\frac{\partial(Y/\lambda)}{\partial\lambda}\right)_{SV} = \frac{1}{N!h^{3N}}\iint\frac{1}{\lambda^2}(K\langle K\rangle_{NVE}-K^2)\delta(E-H)d\boldsymbol{r}d\boldsymbol{p} \tag{2.87}$$

式 (2.82) の積分に寄与するのは $H(\boldsymbol{r},\boldsymbol{p}) = E$の薄い殻の部分なので，その場合の $K$は圧倒的な確率で $\langle K\rangle_{NVE}$に等しくなる．したがって，式 (2.82) は次のように書ける．

$$Y = \langle K\rangle_{NVE}\,\Phi = \frac{3}{2}NkT\Phi \tag{2.88}$$

この式を用いると，式 (2.87) の左辺は式 (2.81) を考慮すれば次のようになる．

$$\begin{aligned}
&\left(\frac{\partial}{\partial\lambda}\left(\frac{3\Phi}{2\lambda}NkT\right)\right)_{SV}\\
&= \frac{3}{2}Nk\left\{\left(\frac{\partial T}{\partial\lambda}\right)_{SV}\cdot\frac{\Phi}{\lambda} - \frac{T\Phi}{\lambda^2} + \frac{T}{\lambda}\left(\frac{\partial\Phi}{\partial\lambda}\right)_{SV}\right\}\\
&= \frac{3}{2}NkW\left\{\frac{kT}{\lambda}\left(\frac{\partial T}{\partial\lambda}\right)_{SV} - \frac{kT^2}{\lambda^2} + \frac{kT^2}{\lambda}\left(\frac{\partial\ln\Phi}{\partial\lambda}\right)_{SV}\right\}\\
&= \frac{3Nk^2TW}{2\lambda^2}\left\{\lambda\left(\frac{\partial T}{\partial\lambda}\right)_{SV} - T\right\}
\end{aligned} \tag{2.89}$$

ここに，右辺の第 2 式の第 3 項が式 (2.76) よりゼロとなる事実を用いた．

一方，式 (2.87) の右辺は分散の記号$\sigma^2$(式 (2.57)) を用いると，式 (2.7) を考慮すれば次のように表せる．

$$-\frac{W}{\lambda^2}\sigma^2(K) \tag{2.90}$$

式 (2.89) と (2.90) は等しいので，次式を得る．

$$\sigma^2(K) = \frac{3}{2}Nk^2T\left\{T - \lambda\left(\frac{\partial T}{\partial\lambda}\right)_{SV}\right\} \tag{2.91}$$

次に次式の等式を使って，$(\partial T/\partial\lambda)_{SV}$を求める．

$$\left(\frac{\partial T}{\partial\lambda}\right)_{SV}=\left(\frac{\partial T}{\partial\lambda}\right)_{EV}+\left(\frac{\partial T}{\partial E}\right)_{V\lambda}\left(\frac{\partial E}{\partial\lambda}\right)_{SV} \tag{2.92}$$

ここで，エントロピー$S$は，式(2.77)において$p_i\to p_i'(=\lambda^{1/2}p_i)$なる変換を施して，その$\Phi$を式(2.76)に代入整理すれば，次のような形に表せる．

$$S=-\frac{3}{2}Nk\ln\lambda+g(E,V) \tag{2.93}$$

ここに，右辺第2項は$E$と$V$の関数という意味で$g(E,V)$と表した．ゆえに，式(2.81)を式(2.76)を用いてエントロピーで表し，式(2.93)を考慮すると，式(2.92)の右辺第1項は次のようになる．

$$\left(\frac{\partial T}{\partial\lambda}\right)_{EV}=\left(\frac{\partial}{\partial\lambda}\left(1\Big/\left(\frac{\partial S}{\partial E}\right)_V\right)\right)_{EV}=0 \tag{2.94}$$

よって，式(2.92)は，式(2.58)，(2.84)に注意すれば，結局次のようになる．

$$\left(\frac{\partial T}{\partial\lambda}\right)_{SV}=\frac{\langle K\rangle_{NVE}}{C_V\lambda}=\frac{3NkT}{2C_V\lambda} \tag{2.95}$$

この式を式(2.91)に代入すれば，求める定積熱容量$C_V$の式が次のように得られる．

$$C_V=\frac{3Nk/2}{1-2\sigma^2(K)/\{3N(kT)^2\}} \tag{2.96}$$

次に，次式で定義される$X$を導入して，熱圧力係数を求める．

$$X=\frac{1}{N!h^{3N}}\iint\hat{P}\Theta(E-H(\boldsymbol{r},\boldsymbol{p}))d\boldsymbol{r}d\boldsymbol{p} \tag{2.97}$$

ここに，$\hat{P}$は瞬間圧力で，式(A3.10)の平均を取る前の量であり，次のように書ける．

$$\hat{P}=\frac{2}{3V}K+\frac{1}{V}W \tag{2.98}$$

$W$は式(A3.11)で示した内部ビリアルであり，平均値$\langle\hat{P}\rangle$は$P$に等しくなる．$C_V$を導出したときと同様の手順により，熱圧力係数$\gamma_V$(式(2.58))を求めるこ

とができる．要点だけを示すと，

$$\left(\frac{\partial X}{\partial \lambda}\right)_{SV} = \frac{1}{N!h^{3N}} \iint \left(\frac{\partial \hat{P}}{\partial \lambda}\right) \Theta(E-H) d\boldsymbol{r} d\boldsymbol{p}$$
$$+\frac{1}{N!h^{3N}} \iint \hat{P}\delta(E-H)\left\{\left(\frac{\partial E}{\partial \lambda}\right)_{SV} - \frac{\partial H}{\partial \lambda}\right\} d\boldsymbol{r} d\boldsymbol{p} \qquad (2.99)$$

式 (2.98) より，

$$\left(\frac{\partial \hat{P}}{\partial \lambda}\right) = \frac{2}{3V} \cdot \frac{K}{\lambda} \qquad (2.100)$$

式 (2.88) を得たのと同様の理由により，

$$X = \langle \hat{P} \rangle_{NVE} \Phi \qquad (2.101)$$

前と類似の処理により，式 (2.99) は次のようになる．

$$\left\langle \delta\hat{P}\delta K \right\rangle_{NVE} = kT\left\{\frac{2}{3} \cdot \frac{\langle K \rangle_{NVE}}{V} - \lambda\left(\frac{\partial P}{\partial \lambda}\right)_{SV}\right\} \qquad (2.102)$$

一方，

$$\left(\frac{\partial P}{\partial \lambda}\right)_{SV} = \left(\frac{\partial P}{\partial \lambda}\right)_{EV} + \left(\frac{\partial P}{\partial E}\right)_{V\lambda}\left(\frac{\partial E}{\partial \lambda}\right)_{SV} \qquad (2.103)$$

右辺第 1 項は $E$一定の条件下ではゼロとなるので，この式は結局次のように書ける．

$$\left(\frac{\partial P}{\partial \lambda}\right)_{SV} = \frac{\gamma_V}{C_V}\left(\frac{\partial E}{\partial \lambda}\right)_{SV} = \frac{\gamma_V}{C_V} \cdot \frac{\langle K \rangle_{NVE}}{\lambda} \qquad (2.104)$$

ここに，$\gamma_V$は熱圧力係数で，上式を得るのに式 (2.58) の関係式を用いた．ゆえに，熱圧力係数$\gamma_V$が次のように得られる．

$$\gamma_V = \frac{2}{3} \cdot \frac{C_V}{V}\left\{1 - \frac{V}{N} \cdot \frac{\left\langle \delta\hat{P}\delta K \right\rangle_{NVE}}{(kT)^2}\right\} \qquad (2.105)$$

最後に断熱圧縮率$\beta_S$の式を求める．式 (2.97) の $X$をエントロピーを一定に保って体積で微分すると，

$$\left(\frac{\partial X}{\partial V}\right)_S = \frac{1}{N!h^{3N}} \iint \left(\frac{\partial \hat{P}}{\partial V}\right) \Theta(E-H) d\boldsymbol{r} d\boldsymbol{p}$$

$$+\frac{1}{N!h^{3N}}\iint \hat{P}\delta(E-H)\left\{\left(\frac{\partial E}{\partial V}\right)_S-\frac{\partial H}{\partial V}\right\}d\boldsymbol{r}d\boldsymbol{p} \tag{2.106}$$

ここで，式 (2.11)，(2.98)，(2.70)，(A3.11) より，

$$\hat{P}=-\left(\frac{\partial H}{\partial V}\right)=\frac{2}{3}\cdot\frac{K}{V}-\frac{1}{3V}\sum_{i}\sum_{\substack{j\\(i<j)}}w(r_{ij}) \tag{2.107}$$

一方，

$$\left.\begin{aligned}
&\left(\frac{\partial \hat{P}}{\partial V}\right)=-\left(\frac{\partial^2 H}{\partial V^2}\right)\\
&E=\left\langle\sum_i\frac{\boldsymbol{p}_i^2}{2m}\right\rangle_{NVE}+\left\langle\sum_i\sum_{\substack{j\\(i<j)}}u(r_{ij})\right\rangle_{NVE}\\
&\left(\frac{\partial E}{\partial V}\right)_S=-P\\
&\left(\frac{\partial X}{\partial V}\right)_S=\left(\frac{\partial}{\partial V}(P\Phi)\right)_S=\left(\frac{\partial P}{\partial V}\right)_S\Phi
\end{aligned}\right\} \tag{2.108}$$

これらの関係と式 (2.81) および (2.58) の関係を用いると，式 (2.106) は次のように書ける．

$$\sigma^2(\hat{P})=-\frac{kT}{V}\cdot\frac{1}{\beta_S}+kT\left(\frac{\partial^2 E}{\partial V^2}\right)_S \tag{2.109}$$

ここで，エントロピー $S$ が一定の下で $E$ を体積 $V$ で微分するには，位置と運動量を次のように変換するとよい (このような変換に対して，式 (2.77) は不変である)．

$$\boldsymbol{r}_i^*=V^{-1/3}\boldsymbol{r}_i,\boldsymbol{p}_i^*=V^{1/3}\boldsymbol{p}_i \tag{2.110}$$

このような変換式を用いると，

$$\left(\frac{\partial^2 E}{\partial V^2}\right)_S=-\left(\frac{\partial P}{\partial V}\right)_S=\frac{1}{V}P+\frac{1}{V^2}\langle\Psi\rangle_{NVE}+\frac{4}{9V^2}\langle K\rangle_{NVE} \tag{2.111}$$

ここに，$\Psi$は式 (2.70) で定義した関数である．式 (2.111) を (2.109) に代入すれば，断熱圧縮率が次のように得られる．

$$\frac{1}{\beta_S} = \frac{2NkT}{3V} + P - \frac{V}{kT}\sigma^2(\hat{P}) + \frac{\langle \Psi \rangle_{NVE}}{V} \tag{2.112}$$

**d. 大正準集団の場合**

大正準集団の場合も同様の式が導出できるが，正準集団や小正準集団と比較して，この統計集団を用いて熱力学的物理量を評価することは圧倒的に少ないと思われるので，ここではそれらの表式を示すことはしない．興味のある読者は文献 (9)，(15) を参照されたい．

## 2.4 2体相関関数

流体の内部構造を記述するときに，2体相関関数 (pair correlation function) もしくは動径分布関数 (radial distribution function) と呼ばれる量がよく用いられる[7~10,16]．この関数は中性子線や X 線散乱の実験から得られる構造因子と呼ばれる量と直接比較できる特徴を有している．以下に定義式を示す．

2体相関関数 $g^{(2)}(\boldsymbol{r}, \boldsymbol{r}')$ は，2体密度$\nu^{(2)}(\boldsymbol{r}, \boldsymbol{r}')$

$$\nu^{(2)}(\boldsymbol{r}, \boldsymbol{r}') = \sum_{i} \sum_{\substack{j \\ (i \neq j)}} \delta(\boldsymbol{r}_i - \boldsymbol{r}) \delta(\boldsymbol{r}_j - \boldsymbol{r}') \tag{2.113}$$

を用いて次のように定義される．

$$g^{(2)}(\boldsymbol{r}, \boldsymbol{r}') = \left\langle \nu^{(2)}(\boldsymbol{r}, \boldsymbol{r}') \right\rangle \Big/ n^2 \tag{2.114}$$

ここに，$n$ は粒子の数密度で $n = N/V$，$\boldsymbol{r}_i$は粒子 $i$ の位置ベクトルである．系が一様ならば，$g^{(2)}(\boldsymbol{r}', \boldsymbol{r}' + \boldsymbol{r})$ は位置$\boldsymbol{r}'$には依存しない量となる．この場合の2体相関関数を $g^{(2)}(\boldsymbol{r})$ とおけば，

$$\begin{aligned} g^{(2)}(\boldsymbol{r}) &= \frac{1}{V} \int g^{(2)}(\boldsymbol{r}', \boldsymbol{r}' + \boldsymbol{r}) d\boldsymbol{r}' \\ &= \frac{1}{Vn^2} \left\langle \int \sum_{i} \sum_{\substack{j \\ (i \neq j)}} \delta(\boldsymbol{r}_i - \boldsymbol{r}') \delta(\boldsymbol{r}_j - \boldsymbol{r}' - \boldsymbol{r}) d\boldsymbol{r}' \right\rangle \end{aligned}$$

$$= \frac{1}{Vn^2} \left\langle \sum_{i} \sum_{\substack{j \\ (i \neq j)}} \delta(\boldsymbol{r}_j - \boldsymbol{r}_i - \boldsymbol{r}) \right\rangle$$

$$= \frac{1}{Vn^2} \left\langle \sum_{i} \sum_{\substack{j \\ (i \neq j)}} \delta(\boldsymbol{r}_{ji} - \boldsymbol{r}) \right\rangle \tag{2.115}$$

ここに，$\boldsymbol{r}_{ji} = \boldsymbol{r}_j - \boldsymbol{r}_i$である．さらに，もし粒子間力が等方的な場合には，$g^{(2)}(\boldsymbol{r})$ は$\boldsymbol{r}$の大きさ $r(=|\boldsymbol{r}|)$ のみに依存する動径分布関数 $g(r)$ で記述できることになる．さて，2 体相関関数 $g^{(2)}(\boldsymbol{r})$ は次のように解釈できる．系内の任意の粒子に着目した場合，その粒子から$\boldsymbol{r} \sim (\boldsymbol{r} + d\boldsymbol{r})$ の範囲内の位置に存在する別の粒子の粒子数が，平均して $ng^{(2)}(\boldsymbol{r})d\boldsymbol{r}$個となることを意味する．したがって，式 (2.56) で示したビリアル状態方程式が，動径分布関数を用いて次のように表されることは容易にわかる．

$$P = \frac{N}{V}kT + \frac{1}{3V}\left(\frac{N}{2}\int_0^\infty rf(r) \cdot ng(r)4\pi r^2 dr\right)$$

$$= \frac{N}{V}kT + \frac{2\pi N^2}{3V^2}\int_0^\infty r^3 f(r)g(r)dr \tag{2.116}$$

シミュレーションによる 2 体相関関数の計算法と，実際に付録 A4 に示すレナード・ジョーンズ分子系に対して，モンテカルロ・シミュレーションによって求めた動径分布関数の結果についての議論は，第 4.5 節で行うことにする．

## 文　献

1) 小暮陽三，“基礎と応用 統計力学”， 森北出版 (1983).
2) 市村　浩，“統計力学”， 裳華房 (1971).
3) 桂　重俊，“統計力学”， 廣川書店 (1973).
4) 久保亮五監訳，“バークレー物理学コース 5：統計物理 (上)”， 丸善 (1970).
5) 戸田盛和，“熱・統計力学”， 岩波書店 (1991).
6) 藤田重次著 (原・ほか 3 名共訳)，“統計熱物理学”， 裳華房 (1989).
7) D.A. McQuarrie,“Statistical Mechanics”, Harper & Row, New York (1976).
8) B.J. McClelland, “Statistical Thermodynamics”, Chapman & Hall, London (1973).
9) M.P. Allen and D.J. Tildesley, “Computer Simulation of Liquids”, Clarendon Press, Oxford (1987).

10) J.P. Hansen and I.R. McDonald, "Theory of Simple Liquids", 2nd ed., Academic Press, London (1986).
11) J.R. Ray and H.W. Graben, "Direct Calculation of Fluctuation Formulae in the Microcanonical Ensemble", Molec. Phys., 43(1981), 1293.
12) C. Kittel 著 (斎藤·広岡共訳), "キッテル統計物理学", pp.28-31, サイエンス社 (1977).
13) 矢野健太郎・石原 繁, "解析学概論", 274, 裳華房 (1982).
14) R. Becker, "Theory of Heat", 2nd ed., pp.129-131, Springer-Verlag, New York (1967).
15) D.J. Adams, "Grand Canonical Ensemble Monte Carlo for a Lennard-Jones Fluid", Molec. Phys., 29(1975), 307.
16) 戸田盛和・ほか 3 名, "液体の構造と性質", pp.79-85, 岩波書店 (1976).

# 3

# モンテカルロ法

モンテカルロ法は，前に説明したように，乱数により系の粒子の微視的状態を作成していく手法である[1~9]．この微視的状態の作成は，分子動力学法の状態点の軌跡に相当するものである．ある微視的状態の出現する確率は，対象としている統計集団の確率密度に従うものでなければならないが，現在，モンテカルロ・シミュレーションに際して圧倒的に広く用いられている Metropolis の方法[10]は，後述するように，あらかじめ確率密度（分配関数）を知る必要がないように工夫された方法である．実際問題，確率密度は前もってわからないのが普通である．モンテカルロ法は，調べようとする体系の取り方によって，小正準モンテカルロ法，正準モンテカルロ法，大正準モンテカルロ法，その他，に分類されるが，その基本的な概念は同一である．以下においては，基本概念である加重サンプリングおよびマルコフ連鎖について説明し，ついで，現在広く用いられている Metropolis 法について述べ，それから個々の統計集団に対するモンテカルロ・アルゴリズムを見ていくことにする．なお，前にも述べたように，モンテカルロ法は，原理的には熱力学的平衡状態に対する手法であるので，工学的に重要な非平衡な現象への適用は，まだ行われていない．

## 3.1　加重サンプリング

$N$粒子からなる系が熱力学的平衡状態にある場合，粒子の位置をまとめて$\underline{\boldsymbol{r}}$で表せば，$\underline{\boldsymbol{r}}$のみに依存する量 $A$ の平均 $\langle A\rangle$ は，対象としている集団の確率密度を用いて評価することができることは前に述べた．例えば，正準集団を考えた場合には，式 (2.16) を考慮して次のように書ける．

$$\langle A \rangle = \frac{1}{Z_U} \int A(\underline{\boldsymbol{r}}) \exp\left\{-\frac{1}{kT} U(\underline{\boldsymbol{r}})\right\} d\underline{\boldsymbol{r}} \tag{3.1}$$

一般に，配置積分 $Z_U$（式 (2.16)）の解析的な評価は不可能と考えてよい．そこで，数値的な評価が行われる訳であるが，多重積分へのシンプソン公式の応用は不適切であるので，確率論的手法であるモンテカルロ法が用いられることになる．

単純なモンテカルロ法の場合には，$\boldsymbol{r}_i (i = 1, \cdots, N)$ の値を積分領域に一様に分布した乱数を用いてランダムにサンプリングして，多重積分 (3.1) を評価する．$n$ 番目にサンプリングされた粒子の配置を $\underline{\boldsymbol{r}}^n$ とすれば，式 (3.1) は次のようにも書ける．

$$\langle A \rangle \simeq \frac{\displaystyle\sum_{n=1}^{M} A(\underline{\boldsymbol{r}}^n) \exp\left\{-\frac{U(\underline{\boldsymbol{r}}^n)}{kT}\right\}}{\displaystyle\sum_{n=1}^{M} \exp\left\{-\frac{U(\underline{\boldsymbol{r}}^n)}{kT}\right\}} \tag{3.2}$$

ここに，$M$ はサンプリング数である．しかしながら，単純なモンテカルロ法による積分の評価式 (3.2) は収束が極めて緩慢なので，現実問題としてこの方法は使用できない．そこで，次に述べる加重サンプリング (importance sampling) の方法[1,2,5]が用いられる．

加重サンプリングの概念は，積分値により大きく寄与する粒子配置をより頻繁にサンプリングしようとするものである．これは，重み関数 $w(\underline{\boldsymbol{r}})$ を用いて次のように表すことができる．

$$\langle A \rangle = \frac{1}{Z_U} \int \frac{A(\underline{\boldsymbol{r}})}{w(\underline{\boldsymbol{r}})} \exp\left\{-\frac{1}{kT} U(\underline{\boldsymbol{r}})\right\} \cdot w(\underline{\boldsymbol{r}}) d\underline{\boldsymbol{r}} \tag{3.3}$$

この $w(\underline{\boldsymbol{r}})$ は，ある確率密度関数でなければならないが，適当に決めることで積分値に重要な配置が集中的にサンプリングされる．正準集団の場合，$w(\underline{\boldsymbol{r}})$ として正準分布を用いて，

$$w(\underline{\boldsymbol{r}}) = \frac{\exp\left\{-\dfrac{U(\underline{\boldsymbol{r}})}{kT}\right\}}{Z_U} \tag{3.4}$$

とする．したがって，粒子の配置を積分領域から一様な確率でサンプリングする代わりに，$w(\underline{\boldsymbol{r}})$ という重みを付けてサンプリングすれば，式 (3.3) は次のように簡単な式になる．

$$\langle A \rangle \simeq \frac{\displaystyle\sum_{n=1}^{M} A(\underline{\boldsymbol{r}}^n)}{M} \tag{3.5}$$

以上により，$\langle A \rangle$ の評価が可能になったように見えるが，本質的にはなんら解決されていない．すなわち，$Z_U$の値が前もってわからない限り，重み関数 (3.4) を用いることができないのである．この困難さは，Metropolis ら[10)]によってエルゴード的マルコフ連鎖の概念を導入することで解決された．次節に，このマルコフ連鎖の概要を述べる．

## 3.2 マルコフ連鎖

モンテカルロ法は，以下に示すようなマルコフ過程 (Markov process) またはマルコフ連鎖 (Markov chain)（時点も状態空間 (state space) も，ともに離散的であるようなマルコフ過程をマルコフ連鎖という）と呼ばれる重要な概念[2, 11~14)]に基づいている．

いま，確率過程 (stochastic process) によって粒子の配置が，$\underline{\boldsymbol{r}}^0, \underline{\boldsymbol{r}}^1, \cdots, \underline{\boldsymbol{r}}^n, \cdots$ に遷移するとする．ここに，$\underline{\boldsymbol{r}}^n$は $N$粒子系に対して時点 $n$ での粒子の位置をまとめて表したものである．そこで，もし，$\underline{\boldsymbol{r}}^0, \underline{\boldsymbol{r}}^1, \cdots, \underline{\boldsymbol{r}}^{n-1}$の状態が既知であるとすると，状態 $\underline{\boldsymbol{r}}^n$が出現する確率は，条件付き確率 $p(\underline{\boldsymbol{r}}^n|\underline{\boldsymbol{r}}^{n-1}, \cdots, \underline{\boldsymbol{r}}^1, \underline{\boldsymbol{r}}^0)$ で表される．この条件付き確率を用いると，確率過程$\underline{\boldsymbol{r}}^0, \underline{\boldsymbol{r}}^1, \cdots, \underline{\boldsymbol{r}}^n, \cdots$がマルコフ過程であるとは，任意の $n$ に対して，

$$p(\underline{\boldsymbol{r}}^n|\underline{\boldsymbol{r}}^{n-1}, \cdots, \underline{\boldsymbol{r}}^1, \underline{\boldsymbol{r}}^0) = p(\underline{\boldsymbol{r}}^n|\underline{\boldsymbol{r}}^{n-1}) \tag{3.6}$$

が成り立つときである．このように，時点 $(n-1)$ の状態から時点 $n$ の状態に推移する確率が，時点 $(n-1)$ 以前の状態に無関係である性質をマルコフ性といい，マルコフ性を有する確率過程をマルコフ過程（マルコフ連鎖）という．式 (3.6) は，状態$\underline{\boldsymbol{r}}^{n-1}$から状態$\underline{\boldsymbol{r}}^n$への推移確率 (transition probability) を表すも

のである．改めて，状態$\underline{\boldsymbol{r}}_i$から$\underline{\boldsymbol{r}}_j$への推移を考えると（添字$i$，$j$は時点を表すものでなく，状態の相違を意味する），推移確率$p_{ij}$は次のように表される．

$$p_{ij} = p\left(\underline{\boldsymbol{r}}_j | \underline{\boldsymbol{r}}_i\right) \tag{3.7}$$

通常，シミュレーションにおいては，推移確率$p_{ij}$が時点に関係なく一定（定常性）とみなす定常マルコフ連鎖を対象とするので，以下に，このマルコフ連鎖を単にマルコフ連鎖と呼ぶことにする．

モンテカルロ・シミュレーションへのマルコフ連鎖の応用に際して重要な点は，ある状態の出現する確率が，所望の確率密度に従うようなマルコフ連鎖を作成することにある．例えば，温度，粒子数，体積一定の系に対しては，状態$\underline{\boldsymbol{r}}_i$の出現する確率$p_i(= p(\underline{\boldsymbol{r}}_i))$が最終的に，

$$p_i \propto \exp\left\{-\frac{U(\underline{\boldsymbol{r}}_i)}{kT}\right\} \tag{3.8}$$

という正準分布にならなければならない．このような所望の確率密度を，与えた初期状態に関係なく得るには，推移確率にある条件を付加しなければならない．これに関連していくつかの予備的定義事項を示した後に，どのようなマルコフ連鎖が分子シミュレーションに際しての上述の条件を満足するかを述べる．

(1) 予備的事項（その1）

微視的状態の出現する確率$\rho_i$がある与えられたマルコフ連鎖に対して定常的(stationary)と呼ばれるのは，次の関係を満足するときである．

$$\left.\begin{array}{ll} 1. & \rho_i > 0 \qquad \text{(for all } i\text{)} \\ 2. & \displaystyle\sum_i \rho_i = 1 \\ 3. & \rho_j = \displaystyle\sum_i \rho_i p_{ij} \end{array}\right\} \tag{3.9}$$

(2) 予備的事項（その2）

あらゆる取り得る状態が，あらゆる状態から到達可能な(accessible)マルコフ連鎖を既約なマルコフ連鎖(irreducible Markov chain)と呼ぶ．もし，既約なマルコフ連鎖でなく，吸収的なマルコフ連鎖の場合には，初期状態の取り方によっては，ある状態の集まりからなるグループ内に落ち込んでしまって，そ

こから抜け出ることができないという状況が生じてしまう．これは式 (3.8) を満足し得ないことを意味している．

(3) 予備的事項（その 3）

$\underline{\boldsymbol{r}}_i$が再帰的 (recurrent) とは，必ずいつかは$\underline{\boldsymbol{r}}_i$に戻ってくることを意味し，そうするとマルコフ連鎖の場合，いくらでも繰り返し戻ることができる．一方，$\underline{\boldsymbol{r}}_i$が過渡的 (transient) とは，長い間の推移を繰り返すうちに，状態$\underline{\boldsymbol{r}}_i$にいる可能性がほとんど無くなってしまうことを意味する．このことを数式を用いて表現すると，次のようになる．$f_{ij}^{(n)}$を状態$\underline{\boldsymbol{r}}_i$から出発して $n$ ステップ目で初めて状態$\underline{\boldsymbol{r}}_j$に到達する確率とし，さらに，

$$\left.\begin{aligned} f_{ij}^{(0)} &= 0 \\ f_{ij} &= \sum_{n=1}^{\infty} f_{ij}^{(n)} \\ \mu_i &= \sum_{n=1}^{\infty} n f_{ii}^{(n)} \end{aligned}\right\} \tag{3.10}$$

とする．上記の $f_{ij}$は，状態$\underline{\boldsymbol{r}}_i$から出発して有限回のステップでいつかは状態$\underline{\boldsymbol{r}}_j$に到達する確率である．$f_{ii} = 1$ のとき，状態$\underline{\boldsymbol{r}}_i$を再帰的といい，$f_{ii} < 1$ のときを過渡的という．再帰的な場合には，平均再帰時間 (mean recurrence time) が問題となるが，これが$\mu_i$である．

(4) 予備的事項（その 4）

状態$\underline{\boldsymbol{r}}_i$から状態$\underline{\boldsymbol{r}}_j$に $m$ ステップで推移する推移確率 ($m$ ステップの推移確率) を $p_{ij}^{(m)}$（したがって，$p_{ij} = p_{ij}^{(1)}$となる）とすると，状態$\underline{\boldsymbol{r}}_i$が周期 $d$ を有して周期的 (periodic) であるとは，

$$\left.\begin{aligned} &p_{ii}^{(nd)} > 0 \qquad (n = 1, 2, \cdots) \\ &p_{ii}^{(m)} = 0 \qquad (m \neq nd) \end{aligned}\right\} \tag{3.11}$$

が成り立つときである．すなわち，ある状態がその状態に戻れる時点は，$d, 2d, \cdots$ の場合に限る．周期 $d$ は，$p_{ii}^{(m)} > 0$ となる全ての $m$ の最大公約数である．$d = 1$ のとき，状態$\underline{\boldsymbol{r}}_i$は非周期的 (aperiodic) であるという．

(5) 予備的事項（その 5）

もし，状態$\underline{\boldsymbol{r}}_i$が非周期的および再帰的で，さらに，有限の平均再帰時間を有するならば，状態$\underline{\boldsymbol{r}}_i$はエルゴード的 (ergodic) と呼ばれる．このようなエルゴード的状態のみを有するマルコフ連鎖をエルゴード的マルコフ連鎖という．

(6) 予備的事項（その 6)

エルゴード的マルコフ連鎖というのは，定常的な出現確率を与える．このとき，すべての $i$ に対して，$\rho_i > 0$ となり，また，初期状態とは無関係な出現確率を得る．

この証明を行う．微視的状態の取り得る数が$M$個であるとすると，状態$i$（$\underline{\boldsymbol{r}}_i$の状態のこと）から状態$j$に$m$ステップで推移する推移確率を $p_{ij}^{(m)}$ とする．ところで，推移確率は次の条件を満足しなければならない．

$$\left.\begin{array}{rcl} p_{ij} & > & 0 \\ \displaystyle\sum_{j=1}^{M} p_{ij} & = & 1 \end{array}\right\} \tag{3.12}$$

もし，すべての状態がエルゴード的なら，任意の状態$i$から任意の状態$j$に有限回のステップ数$m$で到達することができる．このことを漸化式で表せば，次のように書ける．

$$p_{ij}^{(m)} = \sum_{k=1}^{M} p_{ik}^{(m-1)} p_{kj} \tag{3.13}$$

したがって，$m \to \infty$ とすれば，状態$j$の出現する確率$\rho_j$が得られるはずである．すなわち，

$$\lim_{m\to\infty} p_{ij}^{(m)} = \rho_j \tag{3.14}$$

となり，状態$i$には無関係である．さらに，$\rho_j$は，次式を満足することは明らかである．

$$\left.\begin{array}{rcl} \rho_j & > & 0 \\ \displaystyle\sum_{j=1}^{M} \rho_j & = & 1 \end{array}\right\} \tag{3.15}$$

また，式 (3.13) において，式 (3.14) を考慮すれば，

$$\rho_j = \sum_{i=1}^{M} \rho_i p_{ij} \tag{3.16}$$

ゆえに，式 (3.15) と (3.16) は式 (3.9) に等しいので，エルゴード的マルコフ連鎖は定常的な出現確率を与える．ところで，式 (3.16) は定常条件 (steady state condition) と呼ばれている．

以上により，モンテカルロ・シミュレーションでは，エルゴード的マルコフ連鎖を生成するような適当な推移確率を用いると，所望の確率密度を有するような状態の生成が可能となることがわかる．さらに，その確率密度は，初期状態とは無関係となる．

最後に，マルコフ連鎖の分類の一例を示す．

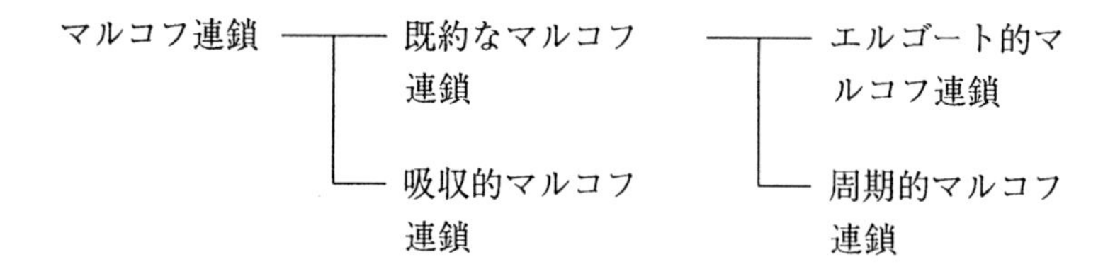


## 3.3 メトロポリスの方法

式 (3.5) で表された平均値 $\langle A \rangle$ を求めるためには，重み関数 $w(\underline{\boldsymbol{r}})$ が前もってわかっていなければならないことは前に述べた．ここで発想を変えて，ある推移確率を用いて状態を推移させ，最終的に状態 $i$（すなわち，状態$\underline{\boldsymbol{r}}_i$）の出現する確率$\rho_i(=\rho(\underline{\boldsymbol{r}}_i))$ が，例えば，正準集団の場合，

$$\rho_i = \frac{\exp\left\{-\dfrac{U(\underline{\boldsymbol{r}}_i)}{kT}\right\}}{\displaystyle\sum_i \exp\left\{-\dfrac{U(\underline{\boldsymbol{r}}_i)}{kT}\right\}} \tag{3.17}$$

となれば，式 (3.4) の重み関数を用いて加重サンプリングしたことになる．したがって，$\langle A \rangle$ が式 (3.5) より求まる．以上の説明から明らかなように，エルゴード的マルコフ連鎖を用いれば，定常的出現確率が存在するので，適当な推移確率を使用して，それを式 (3.17) に一致させることが可能である．

定常的出現確率$\rho_i$（正準分布に限定しない）を与える推移確率 $p_{ij}$は，少なくとも次の条件を満足しなければならない．

$$\left.\begin{array}{lll}(1) & p_{ij} > 0 & (\text{for all } i \text{ and } j) \\ (2) & \displaystyle\sum_j p_{ij} = 1 & (\text{for all } i) \\ (3) & \rho_i = \displaystyle\sum_j \rho_j p_{ji} & (\text{for all } i)\end{array}\right\} \tag{3.18}$$

通常は条件 (3) に代えて，次の微視的可逆性の条件 (condition of microscopic reversibility) が用いられる．

$$(3)' \quad \rho_i p_{ij} = \rho_j p_{ji} \quad (\text{for all } i \text{ and } j) \tag{3.19}$$

この条件が条件 (3) の成立のための十分条件であることは，式 (3.19) の両辺を$j$について和を取り，さらに，条件 (2) を用いると，条件 (3) が得られることから明らかである．条件 (1)，(2)，(3)$'$ によって推移確率 $p_{ij}$を明確に規定することはできないので，$p_{ij}$の決定にはかなりの自由度がある．

Metropolis ら[10)]は，条件 (1)，(2)，(3)$'$ を満足する推移確率を次のように提案した．

$$\left.\begin{array}{lll} p_{ij} & = & \begin{cases} \alpha_{ij} & (i \neq j \text{ and } \rho_j/\rho_i \geq 1) \\ \alpha_{ij}\rho_j/\rho_i & (i \neq j \text{ and } \rho_j/\rho_i < 1) \end{cases} \\ p_{ii} & = & 1 - \displaystyle\sum_{j(\neq i)} p_{ij} \end{array}\right\} \tag{3.20}$$

ここに，$\alpha_{ij}$は次式を満足しなければならない．

$$\left.\begin{array}{lll} \alpha_{ij} & = & \alpha_{ji} \\ \displaystyle\sum_j \alpha_{ij} & = & 1 \end{array}\right\} \tag{3.21}$$

式 (3.20) で表された推移確率は，$\rho_j/\rho_i$という比を用いているので，$\rho_i$そのもの，すなわち，式 (3.17) でいえば，分母の値を知る必要がないようになっていることが大きな特徴であり利点である．

次に，$\alpha_{ij}$の値を決めなければならないが，拘束条件が式 (3.21) のみであるので，$\alpha_{ij}$の値の選定に際しても自由度がある．そこで，この値の選定方法を図 3.1 を用いて説明する．図 3.1 は，状態 $i$ にある $N$粒子系（図の場合 $N=6$）を表したものである．いま，粒子 $k$が，粒子 $k$を中心とした一辺の長さが $2\delta r_{max}$ の正方形（3 次元のときは立方体）の領域 $R$内の任意の一点にランダムに移動することによって，状態 $j$に推移すると仮定する．このとき，$R$内の移動し得る点の総数を $N_R$とし，$N_R$はどの粒子に対しても一定であるとして，

$$\alpha_{ij} = \frac{1}{N_R} \tag{3.22}$$

のように$\alpha_{ij}$を定義することができる．ただし，現在，注目している粒子 $k$が $R$ 以外の領域に移動しようとする場合は，$\alpha_{ij}=0$ とする．上式における $N_R$の陽な値は，$\delta r_{max}$が与えられれば必要ないことがわかる．

以上により，式 (3.20) および (3.21) を用いれば，条件 (1)，(2)，(3)$'$ を満足させることはできるが，しかしながら，ここで注意しなければならないことは，すべての微視的状態がエルゴード的であるというという保証はないことである．実際問題，初期条件の与え方によって異なった平衡条件を得る可能性があ

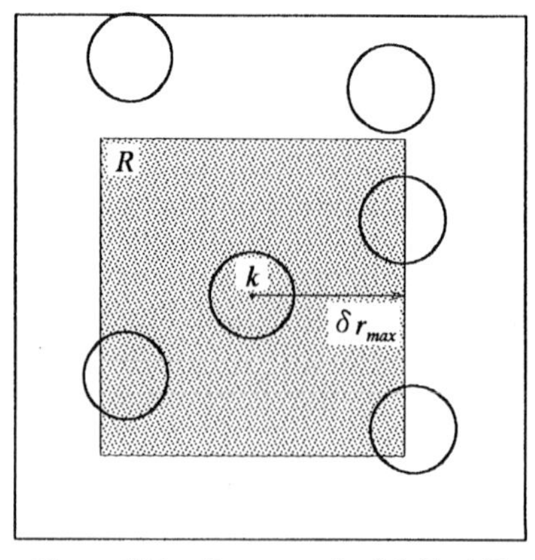


図 3.1 粒子 $k$が 1 ステップで動き得る領域

るので，注意しなければならない．

最後に，Metropolis のモンテカルロ法の一般的な計算アルゴリズムにおける，状態 $i$ から状態 $j$への推移に関する部分を示す．

1. 粒子を 1 個選び出す（順番でもよいし，乱数を用いてランダムに選び出してもよい）
2. その粒子を乱数を用いて $R$内の一点に移動させ，その状態を状態 $j'$とする
3. もし，$\rho_{j'}/\rho_i \geq 1$ なら，状態 $j'$を状態 $j$としてステップ 1 から繰り返す
4. もし，$\rho_{j'}/\rho_i < 1$ なら，$0 \sim 1$ の範囲に一様に分布する一様乱数列から乱数 $R_1$を取り出し，

   4.1 $\rho_{j'}/\rho_i \geq R_1$のとき，状態 $j'$を状態 $j$としてステップ 1 から繰り返す

   4.2 $\rho_{j'}/\rho_i < R_1$のとき，状態 $i$ を状態 $j$としてステップ 1 から繰り返す

以上における$\rho_i$の陽な形およびより詳細な計算アルゴリズムは，対象としている統計集団によって異なるので，それらを次節で順次説明する．

## 3.4 各統計集団に対するモンテカルロ・アルゴリズム

モンテカルロ法の場合，$(N,V,T)$ が規定された正準集団が最も取り扱い易いので，この統計集団に対するアルゴリズムが非常に重要である．したがって，まず，正準モンテカルロ・アルゴリズムについて説明し，それから他の統計集団に対するアルゴリズムを示す[1,2]．

### 3.4.1 正準モンテカルロ・アルゴリズム

$(N,V,T)$ が規定された正準集団を対象とする場合，これを正準モンテカルロ法 (canonical MC method, canonical ensemble MC method, $NVT$ MC method) という．この場合，式 (3.20) で表された推移確率 $p_{ij}$において必要な$\rho_j/\rho_i$は，正準分布 (3.17) を用いて次のように表せる．

$$\frac{\rho_j}{\rho_i} = \exp\left[-\frac{\{U(\underline{\boldsymbol{r}}_j) - U(\underline{\boldsymbol{r}}_i)\}}{kT}\right] = \exp\left\{-\frac{(U_j - U_i)}{kT}\right\} \tag{3.23}$$

したがって，前節の最後で示した計算アルゴリズムを参考にすると，正準モンテカルロ法のアルゴリズムは次のようになる．

1. 初期状態を与える
2. ポテンシャル・エネルギー $U$ を計算する
3. 粒子を一つ選び出す
4. ステップ 3 で選び出した粒子を $k$ とすれば，0 ～ 1 の範囲に分布する一様乱数から取り出した乱数 $R_1, R_2, R_3$ を用いて，粒子 $k$ の位置を $\boldsymbol{r}_k = (x_k, y_k, z_k)$ から $\boldsymbol{r}'_k = (x'_k, y'_k, z'_k)$ へ移動させる．すなわち，
   $x'_k = x_k + (2R_1 - 1)\delta r_{max}$
   $y'_k = y_k + (2R_2 - 1)\delta r_{max}$
   $z'_k = z_k + (2R_3 - 1)\delta r_{max}$
5. 粒子 $k$ の位置を $\boldsymbol{r}'_k$ とした場合のポテンシャル・エネルギー $U'$ を計算する
6. もし，$\Delta U = U' - U \leq 0$ ならば，粒子 $k$ の移動後の状態をマルコフ連鎖の推移後の状態と見なして，$\boldsymbol{r}_k = \boldsymbol{r}'_k$ および $U = U'$ としてステップ 3 から繰り返す
7. もし，$\Delta U > 0$ ならば，上記の乱数列からさらに乱数 $R_4$ を取り出し，
   7.1 $\exp(-\Delta U/kT) > R_4$ のとき，粒子 $k$ の移動後の状態をマルコフ連鎖の推移後の状態と見なして，$\boldsymbol{r}_k = \boldsymbol{r}'_k$ および $U = U'$ としてステップ 3 から繰り返す
   7.2 $\exp(-\Delta U/kT) \leq R_4$ のとき，粒子 $k$ の移動する前の状態をマルコフ連鎖の推移後の状態と見なして，ステップ 3 から繰り返す

上記のアルゴリズムで注意しなければならない点は，ステップ 7.2 で述べたように，粒子 $k$ の新しい位置 $\boldsymbol{r}'_k$ が棄却された場合，移動する前の状態もマルコフ連鎖を構成する一つの状態と見なすことである．また，ステップ 6 は，ポテンシャル・エネルギーが最小となるような状態付近の微視的状態を集中的にサンプリングすることを保証し，さらに，ステップ 7 はサンプリングのちらばりを与える．

### 3.4.2　小正準モンテカルロ・アルゴリズム

$(N, V, E)$ が規定された小正準集団に対するモンテカルロ法を小正準モンテカルロ法 (microcanonical MC method, microcanonical ensemble MC method, $NVE$ MC method) という．正準集団の場合には，解析的に運動量の部分を計算した後の形が，確率密度関数として与えられていたので，運動量を考慮する必要はなかったが，小正準集団の場合には，運動エネルギーとポテンシャル・エネルギーの和が一定なので，そのような取り扱いができず，何らかの工夫が必要となる．そこで，粒子の配置だけに着目する状態空間内を移動するランダムウォークを作成し，なおかつ，このランダムウォークがエネルギー $E$ 一定の条件を満足するようにすれば，運動量を考慮する必要がなくなる[15]．

いま，系に一つの自由度を追加し，それを demon と呼ぶことにし，さらに，この demon はエネルギー $K_D$(demon energy) を有するものとする．式 (2.6) の $W$ に相当する量 $W_D$ を demon エネルギーを用いて，次のように表す．

$$W_D = \frac{1}{N!h^{3N}} \iint \delta(U(\underline{\boldsymbol{r}}) + K_D - E) d\underline{\boldsymbol{r}} d\boldsymbol{p} \tag{3.24}$$

この式からわかるように，$K_D$ は運動エネルギー $K$ の役割を果たす．通常，$K_D$ は $K_D > 0$ と取る．以上の demon エネルギーの概念を用いた小正準モンテカルロ法のアルゴリズムは，次のようになる．

1. 初期状態を与える
2. ポテンシャル・エネルギー $U$ が $U < E$ となるよう初期状態を調整する
3. demon エネルギーの初期値を $K_D = E - U$ とする
4. 粒子を一つ選び出す
5. ステップ 4 で選び出した粒子を $k$ とすれば，0 ～ 1 の範囲に分布する一様乱数から取り出した乱数 $R_1, R_2, R_3$ を用いて，粒子 $k$ の位置を $\boldsymbol{r}_k = (x_k, y_k, z_k)$ から $\boldsymbol{r}'_k = (x'_k, y'_k, z'_k)$ へ移動させる．すなわち，
   $x'_k = x_k + (2R_1 - 1)\delta r_{max}$
   $y'_k = y_k + (2R_2 - 1)\delta r_{max}$
   $z'_k = z_k + (2R_3 - 1)\delta r_{max}$

6. 粒子 $k$の位置を$\boldsymbol{r}'_k$とした場合のポテンシャル・エネルギー $U'$を計算する
7. もし，$\Delta U = U' - U \leq 0$ ならば，粒子 $k$の移動後の状態をマルコフ連鎖の推移後の状態と見なして，$\boldsymbol{r}_k = \boldsymbol{r}'_k$，$U = U'$，$K_D \leftarrow K_D - \Delta U$としてステップ 4 から繰り返す
8. もし，$\Delta U > 0$ ならば，
   8.1 $K_D > \Delta U$のとき，粒子 $k$の移動後の状態をマルコフ連鎖の推移後の状態と見なして，$\boldsymbol{r}_k = \boldsymbol{r}'_k$，$U = U'$，$K_D \leftarrow K_D - \Delta U$としてステップ 4 から繰り返す
   8.2 $K_D \leq \Delta U$のとき，粒子 $k$の移動する前の状態に戻し，ステップ 4 から繰り返す

このアルゴリズムでは，ステップ 7 および 8 が熱力学的平衡状態を保証しており，また，ステップ 8 によって $K_D > 0$ の条件が満たされる．さらに，次のことがわかる．すなわち，demon エネルギーは，状態の推移に際して，エネルギーを吸収したり吐き出したりすることにより，全エネルギーが $E$に等しくなるようにする働きを行っている．このようなアルゴリズムを用いると，究極的に $U$ および $K_D$ともボルツマン分布となる．例えば，demon エネルギーが $K_D$となる状態が出現する確率 $p(K_D)$ は，次のようになる[15)]．

$$p(K_D) \propto \exp\left(-\frac{K_D}{k\langle T\rangle}\right) \tag{3.25}$$

### 3.4.3 大正準モンテカルロ・アルゴリズム

$(\mu, V, T)$ が規定された大正準集団の場合を大正準モンテカルロ法 (grand canonical MC method, grand canonical ensemble MC method, $\mu VT$ MC method) という．この統計集団では，系の粒子数が変化するので，アルゴリズムは多少複雑になる．粒子数 $N$に対する粒子の位置をまとめて$\underline{\boldsymbol{r}}^N$で表すことにすれば，大正準分布$\rho(\underline{\boldsymbol{r}}^N)$ は，式 (2.27) で表されたとおりである．したがって，ある量 $A(\underline{\boldsymbol{r}}^N)$ の集団平均 $\langle A\rangle$ は，

$$\langle A\rangle = \sum_N \int \rho(\underline{\boldsymbol{r}}^N) A(\underline{\boldsymbol{r}}^N) d\underline{\boldsymbol{r}}^N$$

$$= \frac{1}{\Xi}\sum_N \frac{1}{N!\Lambda^{3N}}\exp\left(\frac{\mu N}{kT}\right)\int A(\underline{\boldsymbol{r}}^N)\exp\left\{-\frac{U(\underline{\boldsymbol{r}}^N)}{kT}\right\}d\underline{\boldsymbol{r}}^N \tag{3.26}$$

大正準モンテカルロ法は，次に示す 3 つの操作から主に構成される．

① 粒子の移動：粒子の配置を変える

② 粒子の削除：系から粒子 1 個を取り除く

③ 粒子の追加：系に粒子 1 個を追加する

ここで，状態 $i$ から状態 $j$ に推移する場合（粒子数 $N$ が変わる場合も含む）のそれぞれの操作に対する $\rho_j/\rho_i$ の表式を考える．

まず，操作①の場合を考えると，粒子数 $N$ が一定であるから正準モンテカルロ法となんら変わるところがなく，式 (3.23) がそのまま使用できる．

次に，操作②の場合として，粒子数 $N$ の状態 $i$ から，任意に選んだ粒子 1 個を取り除いて粒子数 $(N-1)$ の状態 $j$ に推移すると，式 (2.25) と (2.8) より，

$$\begin{aligned}\frac{\rho_j}{\rho_i} &= N\Lambda^3\exp\left(-\frac{\mu}{kT}\right)\exp\left[-\frac{\{U(\underline{\boldsymbol{r}}^{N-1})-U(\underline{\boldsymbol{r}}^N)\}}{kT}\right]\\ &= N\Lambda^3\exp\left(-\frac{\mu}{kT}\right)\exp\left\{-\frac{(U_j-U_i)}{kT}\right\}\end{aligned} \tag{3.27}$$

操作③の場合として，粒子数 $N$ の状態 $i$ から，ランダムに選んだ位置に粒子 1 個を加えて，粒子数 $(N+1)$ の状態 $j$ に推移するとすると，同じく式 (2.25) より，

$$\frac{\rho_j}{\rho_i} = \frac{1}{(N+1)\Lambda^3}\exp\left(\frac{\mu}{kT}\right)\exp\left\{-\frac{(U_j-U_i)}{kT}\right\} \tag{3.28}$$

が得られる．

次に，上記の 3 つの操作をどのような割合で試みるべきかを考える．粒子の削除および追加の操作に対する微視的可逆性の条件を満足させるためには，式 (3.21) を満たすようにすればよい．すなわち，系から粒子 1 個を取り除く試み

と系に粒子1個を追加する試みが等しい確率でなされれば，式(3.21)は満足される．一方，粒子の削除・追加と粒子の移動の試みの確率に関する決定に際しては，かなりの自由度があるが，経験的に，これらの3つの操作が等しい確率で試みられるとき，すなわち，各操作が1/3の確率で試みられるとき，最も早い収束性が得られるとされている[16]．この単純な大正準モンテカルロ・アルゴリズムにおいて問題となるのは，粒子の数密度が大きい場合，粒子を追加する位置をランダムに選んだのでは，その試みが拒否される確率が非常に大きくなる点にある．この難点は，次に述べる虚粒子(ghost particle, virtual particle)の概念を導入することで改善される[17,18]．

与えられた体積$V$に対して，その体積内に入り得る粒子の数の実質的な最大値が存在するはずである．この粒子数を$N_{max}$とすれば，シミュレーションに際しては，体積$V$に$N_{max}$個の粒子を入れた状態でシミュレートすることになる．総粒子数$N_{max}$のうち，$N$個が互いに相互作用し合う通常のreal particle（実粒子）とし，残りの$(N_{max}-N)$個が実粒子・虚粒子に関係なく，他の粒子とは何の作用も及ぼし合わない虚粒子とする．この虚粒子の概念を用いると，粒子数が$N$個の状態から粒子を1個追加する試みは，虚粒子を実粒子に切り替えることによって実行される．一方，粒子を削除する試みは，実粒子を虚粒子に切り替えることによりなされる．次に，式(3.27)および(3.28)に相当する式を導出する．

配置積分が，

$$
\begin{aligned}
&\int \exp\left\{-\frac{U(\underline{\boldsymbol{r}}^N)}{kT}\right\} d\underline{\boldsymbol{r}}^N \\
&\quad = \frac{1}{V^{N_{max}-N}} \int \exp\left\{-\frac{U(\underline{\boldsymbol{r}}^{N_{max}};N)}{kT}\right\} d\underline{\boldsymbol{r}}^{N_{max}}
\end{aligned}
\tag{3.29}
$$

と書けることから，確率密度$\rho(\underline{\boldsymbol{r}}^{N_{max}};N)$は，次のように表される．

$$
\rho(\underline{\boldsymbol{r}}^{N_{max}};N) = \frac{1}{N!\Lambda^{3N}} \exp\left(\frac{\mu N}{kT}\right) \exp\left\{-\frac{U(\underline{\boldsymbol{r}}^{N_{max}};N)}{kT}\right\} \frac{V^N}{\Xi'} \tag{3.30}
$$

ただし，

$$
\Xi' = \sum_{N=1}^{N_{max}} \frac{V^N}{N!\Lambda^{3N}} \exp\left(\frac{\mu N}{kT}\right) \int \exp\left\{-\frac{U(\underline{\boldsymbol{r}}^{N_{max}};N)}{kT}\right\} d\underline{\boldsymbol{r}}^{N_{max}} \tag{3.31}
$$

である．この確率密度による集団平均 $\langle A\rangle$ は，式 (3.30) を用いると，

$$\langle A\rangle = \sum_{N=1}^{N_{max}} \int \rho(\underline{\boldsymbol{r}}^{N_{max}};N)A(\underline{\boldsymbol{r}}^N)d\underline{\boldsymbol{r}}^{N_{max}}$$
$$= \sum_{N=1}^{N_{max}} \int \rho(\underline{\boldsymbol{r}}^{N})A(\underline{\boldsymbol{r}}^N)d\underline{\boldsymbol{r}}^{N} \qquad (3.32)$$

となり，式 (3.26) と一致する．

確率密度 (3.30) を用いると，粒子 1 個削除する場合の$\rho_j/\rho_i$は，次のように書ける．

$$\frac{\rho_j}{\rho_i} = \frac{N\Lambda^3}{V}\exp\left(-\frac{\mu}{kT}\right)\exp\left[-\frac{\{U(\underline{\boldsymbol{r}}^{N_{max}};N-1)-U(\underline{\boldsymbol{r}}^{N_{max}};N)\}}{kT}\right]$$
$$= \frac{N\Lambda^3}{V}\exp\left(-\frac{\mu}{kT}\right)\exp\left\{-\frac{(U_j-U_i)}{kT}\right\} \qquad (3.33)$$

粒子 1 個を追加する場合には，

$$\frac{\rho_j}{\rho_i} = \frac{V}{(N+1)\Lambda^3}\exp\left(\frac{\mu}{kT}\right)\exp\left[-\frac{\{U(\underline{\boldsymbol{r}}^{N_{max}};N+1)-U(\underline{\boldsymbol{r}}^{N_{max}};N)\}}{kT}\right]$$
$$= \frac{V}{(N+1)\Lambda^3}\exp\left(\frac{\mu}{kT}\right)\exp\left\{-\frac{(U_j-U_i)}{kT}\right\} \qquad (3.34)$$

となる．

上述の虚粒子の概念を用いた計算アルゴリズムの主要部は，次のようになる．

1. 粒子数を $N_{max}$として，初期状態$\underline{\boldsymbol{r}}^{N_{max}}$を与える
2. $N_{max}$個の粒子から実粒子 $N$個をランダムに選び出す
3. ポテンシャル・エネルギー $U_i(=U(\underline{\boldsymbol{r}}^{N_{max}};N))$ を計算する
4. 粒子の移動：
   - 4.1 $N_{max}$個の粒子の中から粒子を一つ選び出す
   - 4.2 ステップ 4.1 で選び出した粒子を乱数を用いて移動させ，状態 $j$を作る
   - 4.3 ポテンシャル・エネルギー $U_j$を計算する
   - 4.4 もし，$\Delta U = U_j - U_i \leq 0$ ならば， 状態 $j$を状態 $i$ と見なして $U_i \leftarrow U_j$としてステップ 5 に進む

4.5 もし，$\Delta U > 0$ ならば，$0 \sim 1$ の範囲に分布する一様乱数列から乱数 $R$ を取り出し，

4.5.1 $\exp(-\Delta U/kT) > R$ のとき，状態 $j$ を状態 $i$ と見なして，$U_i \leftarrow U_j$ としてステップ 5 に進む

4.5.2 $\exp(-\Delta U/kT) \leq R$ のとき，粒子を移動する前の状態に戻して，ステップ 5 に進む

5. 粒子の削除：

5.1 実粒子から，削除すべき粒子をランダムに 1 個選び出す

5.2 ステップ 5.1 で削除した粒子を除く系のポテンシャル・エネルギー $U_j(=U(\underline{\boldsymbol{r}}^{N_{max}};N-1))$ を計算する

5.3 式 (3.33) で表された $\rho_j/\rho_i$ を計算する

5.4 もし，$\rho_j/\rho_i \geq 1$ ならば，削除した粒子を虚粒子に切り換え，その状態を状態 $i$ と見なして，$U_i \leftarrow U_j$ とおいて，ステップ 6 に進む

5.5 もし，$\rho_j/\rho_i < 1$ ならば，$0 \sim 1$ の範囲に分布する一様乱数列から乱数 $R$ を取り出し，

5.5.1 $\rho_j/\rho_i > R$ のとき，削除した粒子を虚粒子に切り換え，その状態を状態 $i$ と見なして，$U_i \leftarrow U_j$ とおいてステップ 6 に進む

5.5.2 $\rho_j/\rho_i \leq R$ のとき，削除した粒子を元の実粒子に戻して，ステップ 6 に進む

6. 粒子の追加：

6.1 虚粒子から追加すべき粒子をランダムに一つ選び出す

6.2 ステップ 6.1 で追加した粒子を加えた系のポテンシャル・エネルギー $U_j(=U(\underline{\boldsymbol{r}}^{N_{max}};N+1))$ を計算する

6.3 式 (3.34) で表された $\rho_j/\rho_i$ を計算する

6.4 もし，$\rho_j/\rho_i \geq 1$ ならば，追加した粒子を実粒子に切り換え，その状態を状態 $i$ と見なして，$U_i \leftarrow U_j$ とおいて，ステップ 4 から繰り返す

6.5 もし，$\rho_j/\rho_i < 1$ ならば，$0 \sim 1$ の範囲に分布する一様乱数列から乱数 $R$ を取り出し，

6.5.1 $\rho_j/\rho_i > R$のとき，追加した粒子を実粒子に切り換え，その状態を状態$i$と見なして，$U_i \leftarrow U_j$とおいてステップ4から繰り返す

6.5.2 $\rho_j/\rho_i \leq R$のとき，追加した粒子を元の虚粒子に戻して，ステップ4から繰り返す

上記のアルゴリズムにおいては，粒子の移動・粒子の削除・粒子の追加の各ステップは一連の操作として行う．また，ステップ4において，虚粒子を選んだ場合には，虚粒子は他の粒子と相互作用しないので，移動は必ず実行される．

### 3.4.4 定温–定圧モンテカルロ・アルゴリズム

定温–定圧集団の場合を定温–定圧モンテカルロ法 (isothermal-isobaric MC method, isothermal-isobaric ensemble MC method, $NPT$ MC method) という．系の体積が$V$で，粒子の位置が$\underline{\boldsymbol{r}}$（粒子数は一定であるので，上付き添字$N$は付けない）となる状態の出現する確率，すなわち，確率密度$\rho(\underline{\boldsymbol{r}};V)$は，次のように表される．

$$\rho(\underline{\boldsymbol{r}};V) = \frac{\exp\left(-\dfrac{PV}{kT}\right)\exp\left\{-\dfrac{U(\underline{\boldsymbol{r}};V)}{kT}\right\}}{Y_U} \tag{3.35}$$

ただし，

$$Y_U = \iint \exp\left(-\frac{PV}{kT}\right)\exp\left\{-\frac{U(\underline{\boldsymbol{r}};V)}{kT}\right\} d\underline{\boldsymbol{r}}dV \tag{3.36}$$

である．したがって，粒子の位置と体積の関数である任意の量$A(\underline{\boldsymbol{r}};V)$の集団平均$\langle A\rangle$は次のようになる．

$$\begin{aligned}\langle A\rangle &= \iint A(\underline{\boldsymbol{r}};V)\rho(\underline{\boldsymbol{r}};V)d\underline{\boldsymbol{r}}dV \\ &= \iint A\frac{\exp\left(-\dfrac{PV}{kT}\right)\exp\left\{-\dfrac{U(\underline{\boldsymbol{r}};V)}{kT}\right\}}{Y_U}d\underline{\boldsymbol{r}}dV\end{aligned} \tag{3.37}$$

ここで，座標変換を施して，体積変化に影響されない座標系で粒子の位置を考える．系の体積を一辺 $L(=\ V^{1/3})$ の立方体と仮定して，粒子の位置

$\underline{\boldsymbol{r}}(=(\boldsymbol{r}_1,\boldsymbol{r}_2\cdots,\boldsymbol{r}_N))$ を，次式によって，$\underline{\boldsymbol{s}}(=(\boldsymbol{s}_1,\boldsymbol{s}_2\cdots,\boldsymbol{s}_N))$ に変換する．

$$\underline{\boldsymbol{s}}=\frac{\boldsymbol{r}}{L} \tag{3.38}$$

さらに，代表体積 $V_0$（例えば，与えられた $N$ に対して実質的な最密充填時の体積を取る）を用いて体積 $V$ を無次元化し，$V^*=V/V_0$ と置く．変数 $\underline{\boldsymbol{s}}$ および $V^*$ を用いて式 (3.37) を書き換えると，

$$\langle A\rangle=\iint A(L\underline{\boldsymbol{s}};V)\frac{\exp\left(-\dfrac{PV_0V^*}{kT}\right)\exp\left\{-\dfrac{U(L\underline{\boldsymbol{s}};V)}{kT}\right\}}{Y_U'}V^{*N}d\underline{\boldsymbol{s}}dV^* \tag{3.39}$$

となり，$Y_U'$ は次のように書ける．

$$Y_U'=\iint V^{*N}\exp\left(-\frac{PV_0V^*}{kT}\right)\exp\left\{-\frac{U(L\underline{\boldsymbol{s}};V)}{kT}\right\}d\underline{\boldsymbol{s}}dV^* \tag{3.40}$$

したがって，粒子数 $N$，圧力 $P$，温度 $T$, 代表体積 $V_0$ が与えられた条件下で，体積が $V^*$ および粒子の位置が $\underline{\boldsymbol{s}}$ となる状態の出現する確率 $\rho(\underline{\boldsymbol{s}};V^*)$ は，

$$\rho(\underline{\boldsymbol{s}};V^*)=\frac{\exp\left[-\dfrac{\{PV_oV^*+U(L\underline{\boldsymbol{s}};V)-NkT\ln V^*\}}{kT}\right]}{Y_U'} \tag{3.41}$$

ゆえに，$\underline{\boldsymbol{s}}_i$，$V_i^*$ なる状態 $i$ から $\underline{\boldsymbol{s}}_j$，$V_j^*$ なる状態 $j$ に推移するとすれば，

$$\frac{\rho_j}{\rho_i}=\exp\left[\frac{-\left\{PV_0(V_j^*-V_i^*)+U_j-U_i-NkT\ln\left(\dfrac{V_j^*}{V_i^*}\right)\right\}}{kT}\right] \tag{3.42}$$

が得られる．

上記の変数 $V^*$ および $\underline{\boldsymbol{s}}$ を用いてシミュレーションを行うための計算アルゴリズムの一例を次に示す．

1. 初期体積と初期状態を与え，その状態を状態 $i$ とする
2. ポテンシャル・エネルギー $U_i$を計算する
3. 0 ～ 1 の範囲に分布する一様乱数列から乱数 $R_1$を取り出し，体積を $V_i^*$ から $V_j^*$に変化させる．すなわち，$V_j^* = V_i^* + (2R_1 - 1)\delta V_{max}^*$
4. 体積 $V_j^*$の状態に対し，選び出した一つの粒子を乱数を用いて移動させることにより状態 $j$を作る
5. ポテンシャル・エネルギー $U_j$を計算する
6. $\Delta H' = \{PV_0(V_j^* - V_i^*) + U_j - U_i - NkT\ln(V_j^*/V_i^*)\}$ を計算する
7. もし，$\Delta H' \leq 0$ ならば，状態 $j$をマルコフ連鎖を構成する一つの状態と見なして，ステップ 3 から繰り返す
8. もし，$\Delta H' > 0$ ならば，上記の乱数列からさらに乱数 $R_2$を取り出し，
   - 8.1 $\exp(-\Delta H'/kT) > R_2$のとき，状態 $j$をマルコフ連鎖を構成する一つの状態と見なして，ステップ 3 から繰り返す
   - 8.2 $\exp(-\Delta H'/kT) \leq R_2$のとき，体積を変化させる前の状態，すなわち，体積が $V_i^*$で粒子の位置が$\underline{\boldsymbol{s}}_i$の状態を，マルコフ連鎖を構成する一つの状態と見なして，ステップ 3 から繰り返す

上述のアルゴリズムは，粒子の移動の操作と体積変化の操作が混合した形となっているが，それらの操作を別々に扱ったアルゴリズムを用いてもなんら差し支えない．

最後に，ポテンシャル・エネルギーの計算に際して，注意すべき点を述べる．ポテンシャル・エネルギー $U$は，変換後の座標$\underline{\boldsymbol{s}}$によって評価されるのではなく，あくまでも実際の座標$\underline{\boldsymbol{r}}$によって計算されなければならない．このことは，体積変化後の状態に対するポテンシャル・エネルギーを計算する際，すべての粒子間の相互作用のエネルギーを計算しなければならないことを意味している．したがって，一般的には，定温－定圧モンテカルロ法は正準モンテカルロ法などと比較して，かなりの計算時間が必要となる．しかしながら，次に示すように，粒子間の相互作用がレナード・ジョーンズ ポテンシャルで表される場合には，体積変化後のポテンシャル・エネルギーが，体積変化前のポテンシャル・エネルギーを用いて個々の粒子間相互作用を計算すること無しに得られるので，上述の難点はほとんど問題とはならない．

粒子同士の相互作用がレナード・ジョーンズ ポテンシャル（式(A4.1)）で表されるとき，状態 $i$ のポテンシャル・エネルギー $U_i$は，座標系$\underline{\boldsymbol{s}}$を用いて次のように書ける.

$$U_i = 4\epsilon \sum_{k} \sum_{\substack{l \\ (k<l)}} \left( \frac{\sigma}{L_i s_{kl}} \right)^{12} - 4\epsilon \sum_{k} \sum_{\substack{l \\ (k<l)}} \left( \frac{\sigma}{L_i s_{kl}} \right)^{6} \tag{3.43}$$

ここに，$s_{kl} = |\boldsymbol{s}_k - \boldsymbol{s}_l|$ である．式(3.43)の右辺第1項と第2項（符号を除く）をそれぞれ $U_i^{(12)}$，$U_i^{(6)}$とすれば，体積を $V_i$から $V_j$（$L$ についていえば，$L_i$から $L_j$）に変化させた場合の変化後のポテンシャル・エネルギー $U_j$は，次のように得られる.

$$U_j = U_i^{(12)} \left( \frac{L_i}{L_j} \right)^{12} - U_i^{(6)} \left( \frac{L_i}{L_j} \right)^{6} \tag{3.44}$$

したがって，式(3.44)を用いるためには，計算プログラムにおいて，$U^{(12)}$と$U^{(6)}$を別々にメモリーする必要がある．以上のことから明らかなように，レナード・ジョーンズ ポテンシャルの場合には，粒子間相互作用を個々に計算すること無しに，体積変化後のポテンシャル・エネルギーを評価することができる.

## 文　献

1) M. P. Allen and D. J. Tildesley, "Computer Simulation of Liquids", Clarendon Press, Oxford (1987).
2) D. W. Heermann, "Computer Simulation Methods in Theoretical Physics", 2nd ed., Springer-Verlag, Berlin (1990).
3) K. Binder and D. W. Heermann, "Monte Carlo Simulation in Statistical Physics: An Introduction", Springer-Verlag, Berlin (1988).
4) K. Binder (ed.), "Monte Carlo Methods in Statistical Physics", Springer-Verlag, Berlin (1979).
5) W. W. Woods, "Chapter 5: Monte Carlo Studies of Simple Liquid Models", in Physics of Simple Liquids, (edited by H. N. V. Temperley, J. S. Rowlinson and G.S. Rushbrooke), North-Holland, Amsterdam (1968).
6) 上田　顕，"コンピュータシミュレーション"，朝倉書店 (1990).
7) 岡田　勲・大澤映二編，"分子シミュレーション入門"，海文堂 (1989).
8) 田中　實・山本良一編，"計算物理学と計算化学"，海文堂 (1988).

9) 河村雄行, “パソコン分子シミュレーション”, 海文堂 (1990).
10) N. Metropolis, et al., “Equation of State Calculations by Fast Computing Machines”, J. Chem. Phys., 21(1953), 1087.
11) R. Coleman 著 (石井恵一訳), “(理工系・例題解法 15) 確率過程”, 共立出版 (1976).
12) 西田俊夫, “(新統計学シリーズ 7) 応用確率論”, 培風館 (1973).
13) 渡部隆一, “(数学ワンポイント双書 31) マルコフ・チェーン”, 共立出版 (1979).
14) 金子哲夫, “マルコフ決定理論入門”, 第 2 章, 槙書店 (1973).
15) M. Creutz, “Microcanonical Monte Carlo Simulation”, Phys. Rev. Lett., 50(1983), 1411.
16) G. E. Norman and V. S. Filinov, “Investigations of Phase Transitions by a Monte Carlo Method”, High Temp., 7(1969), 216.
17) L. A. Rowley, et al., “Monte Carlo Grand Canonical Ensemble Calculation in a Gas-Liquid Transition Region for 12-6 Argon”, J. Comput. Phys., 17(1975), 401.
18) J. Yao, et al., “Monte Carlo Simulation of the Grand Canonical Ensemble”, Molec. Phys., 46(1982), 587.

# 4

# シミュレーション技法

この章では実際にモンテカルロ・シミュレーションを行う際に有用となる種々の技法[1~3]に関して述べる．また，シミュレーションで得られた結果の補正や精度の吟味法について説明する．なお，よく用いられる代表的な分子間ポテンシャルであるレナード・ジョーンズ ポテンシャルを付録A4に示してある．他の分子間ポテンシャルはここでは示さないが，水などのポテンシャルのモデルが文献 (4) にまとめられているので，興味ある読者はそちらを参照されたい．

## 4.1　粒子の初期配置

実際のシミュレーションは有限のシミュレーション領域で行われる．シミュレーション領域としては，特別な場合を除いて，立方体に取ることが非常に多い．立方体のシミュレーション領域の場合，粒子の初期配置として乱数を用いてランダムに配置してもよいが，固体や液体の場合，図 4.1(a) に示すような最密充填格子の一つである面心立方格子状に配置するのが通常である．この場合，後に示す周期境界条件との関係から，系の取り得る粒子数 $N$は制限され，$N = 4M^3(= 4, 32, 108, 256, 500, \cdots)$ で与えられる．ここに，$M$は一軸方向に$M$個分の基本格子を用いることを意味する．したがって，まず，粒子数 $N$および数密度 $n$ を決め，それからシミュレーション領域の大きさ $L$ (立方体の一辺の長さ) を $N = nL^3$の関係式から求めればよい．気体のように粒子が比較的粗の状態にある場合には，図 4.1(b) のような単純立方格子状に粒子を配置すれば，$N = M^3(= 1, 8, 27, 64, 125, \cdots)$ のように，比較的スムーズな選択肢の中から粒子数 $N$を採用することができる．なお，固体の結晶構造を扱う場合は注意を

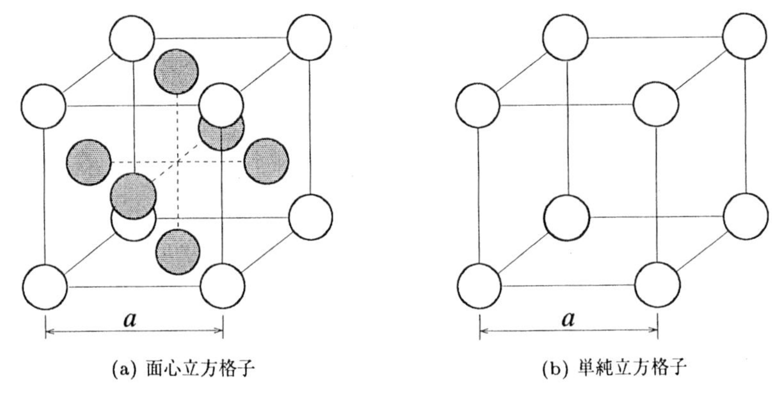


(a) 面心立方格子　(b) 単純立方格子

**図 4.1** 粒子の初期配置

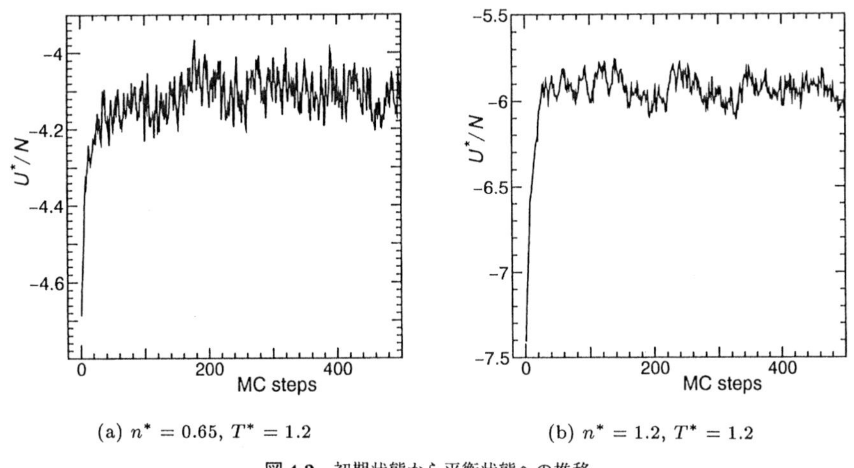


(a) $n^* = 0.65,\ T^* = 1.2$　(b) $n^* = 1.2,\ T^* = 1.2$

**図 4.2** 初期状態から平衡状態への推移

要し，その結晶構造が取る格子状に粒子を配置する必要があり，場合によっては立方体ではなく，直方体のシミュレーション領域が適当であるかも知れない．

以上のように，規則的に配置した粒子の初期状態は，シミュレーションの進行とともに，非常に速やかに熱力学的平衡状態へと推移する．ここで，実際にシミュレーションを行うことにより，粒子の初期状態がどのように平衡状態へと推移していくかを見てみることにする．用いたモデル分子はレナード・ジョーンズ分子であり，粒子の初期状態は前述の面心立方格子を用いた．図 4.2 は正準モンテカルロ・アルゴリズムによって得たポテンシャル・エネルギーの推移を示したものである．図 4.2(a) は液体状態に相当し，粒子の数密度は $n^* = 0.65$，粒子数は $N = 256$，図 4.2(b) は固体状態で，$n^* = 1.2$，粒子数は $N = 500$ の場合の結果である．両結果とも設定温度は同一で $T^* = 1.2$ である．通常 $N$回の粒子の移動の試行を 1MC ステップと呼び，これが横軸に取ってある．図から明らかなように，粒子の初期配置の規則性はシミュレーションの進行とともに急激に減少し，どちらの場合も 400MC ステップ時ではほとんど平衡状態に至っているものと考えられる．モンテカルロ・シミュレーションでは通常少なくとも数万 MC ステップは実行するので，初期配置の影響域はシミュレーションの極初期の部分に限定されることがわかる．

## 4.2 周期境界条件

シミュレーションは有限のシミュレーション領域に対してなされるので，外部境界条件を設定しなければならない．現在まで圧倒的に多く用いられてきた周期境界条件 (periodic boundary condition) は，気体・液体・固体の区別なく，すべての状態に適用できる．

シミュレーション領域としては，通常立方体もしくは直方体がよく用いられるので，このようなシミュレーション領域の場合について説明する．図 4.3 は理解し易いように，2 次元の場合の周期境界条件の概念を示したものである．中央のセルが対象となる系であり，まわりのセルはその基本セルを複写して作成した仮想のセルである．したがって，ある粒子が境界を通ってシミュレーション領域から流出する場合，反対側の境界面を通ってそのまま流入することを意味する．さらに，境界付近の粒子は，基本セル内の実際の粒子 (実粒子) と複写して作ったセル内の仮想粒子との相互作用を同時に考慮しなければならない．したがって，任意の粒子と相互作用する粒子を考える場合，ある実粒子とその複写である実質的に同一な仮想粒子との相互作用を考慮しなければならないことになる．しかしながら，一般的に用いられる次の最近接像の方法 (minimum image convention)[5] を用いると，どちらか一方の近い方の粒子との相互作用を考慮するだけでよくなる．第 4.3.1 項で示す粒子間相互作用のカットオフ距

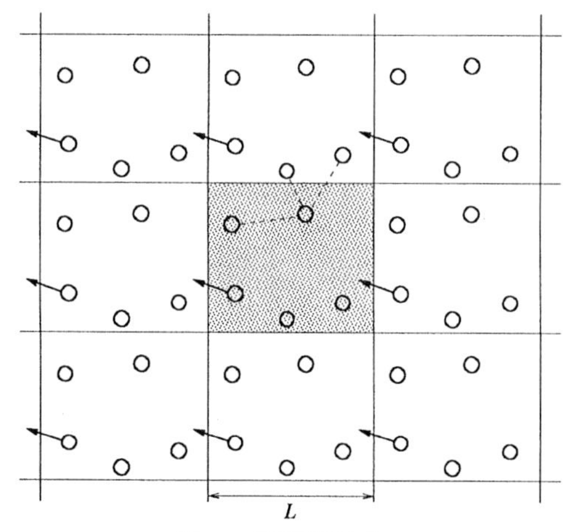


図 4.3　周期境界条件

離 $r_{coff}$ に対して，シミュレーション領域の一辺の長さ $L$ を $L > 2r_{coff}$ と取れば，実粒子と仮想粒子のどちらか近い距離にいる粒子との相互作用だけを計算すればよいことになる．これが最近接像の方法である．このようにすれば，ある粒子の相互作用する相手は，実粒子と仮想粒子合わせて多くとも $(N-1)$ 個の粒子ということになる．

周期境界条件の採用により，非常に小さなシミュレーション領域でも実験データを説明できることが当初より明らかにされ，現在まで圧倒的に多く用いられてきた境界条件である．

## 4.3　計算時間の短縮化技法

分子シミュレーションの実行に際して，最も計算時間を消費するのは粒子間力もしくは粒子間相互作用のエネルギーの計算である．以下に，これらの計算時間の短縮化技法を示す．

### 4.3.1　カットオフ距離

先に述べた最近接像の方法を用いると，一粒子当たり $(N-1)$ 個の粒子との相互作用を計算しなければならないので，全体で $N(N-1)$ 通りの相互作用を計算することになる．もし一粒子当たりの相互作用する粒子の数を大幅に減らすことができれば，それだけ計算時間が著しく短縮化できることになる．図A4.1に示すような短距離オーダーのポテンシャルの場合，粒子直径の数倍の距離$r_{coff}$で，粒子間相互作用はほぼゼロと見なすことができる．すなわち，$r_{coff}$以上離れた粒子同士の相互作用は実質的に計算する必要はない．この相互作用の計算の打ち切りの距離$r_{coff}$をカットオフ距離 (半径) (cutoff radius) という．レナード・ジョーンズ ポテンシャルの場合，通常$r_{coff} = 2 \sim 3.5\sigma$に取ることが多い．なお，カットオフ距離を用いて算出した平均値の補正の仕方は第4.4節で論じる．

カットオフ距離を導入しても，それだけでは計算時間の短縮は計れない．なぜなら，粒子間の力やエネルギーを計算しなくても，粒子間距離を$N(N-1)$通り計算しなければならないからである．したがって，次に述べる近接粒子の登録による粒子の限定法と組み合わせることにより，計算時間の短縮化が計れる．

### 4.3.2　近接粒子の登録による相互作用する粒子の限定

もし，任意の粒子のカットオフ距離内にいる相手粒子の名前がいつもわかれば，粒子との距離を計算して，その粒子がカットオフ距離の内側にいるか，もしくは外側にいるかを調べる必要はなくなる．したがって，カットオフ距離内にいる粒子の数を概略$M(\ll N)$とすれば，$N \times M$ 通りの相互作用を計算するだけで済み，カットオフ距離を用いない$N(N-1)$通りの計算よりも大幅に減少することになる．以下に代表的な近接粒子の登録による相互作用する粒子の限定法を示す．

#### a.　ブロック分割法

理解しやすいように，2次元の正方形のシミュレーション領域に対するブロック分割法 (cell index method)[6,7]の概念図を図4.4に示す．もし，一辺を$M$等分して全体を$M \times M$個のセルに分割し，さらに，$l(=L/M) \geq r_{coff}$を満足すれば，ある粒子と相互作用する相手粒子は近接する9個のセル (自セルも含む) にいる粒子のみとの相互作用を計算すればよいことがわかる．例えば，図4.4の21番目のセルにいる粒子との相互作用は，14, 15, 16, 20, 21, 22, 26, 27, 28の9個のセルにいる粒子との相互作用を計算すればよい．他のセルにいる粒子

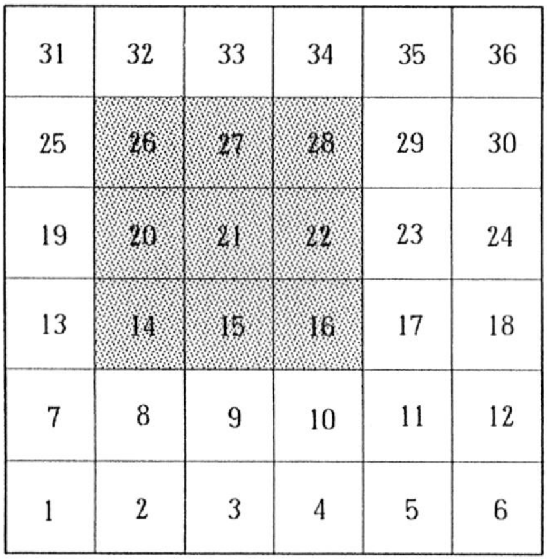

| 31 | 32 | 33 | 34 | 35 | 36 |
|---|---|---|---|---|---|
| 25 | 26 | 27 | 28 | 29 | 30 |
| 19 | 20 | 21 | 22 | 23 | 24 |
| 13 | 14 | 15 | 16 | 17 | 18 |
| 7 | 8 | 9 | 10 | 11 | 12 |
| 1 | 2 | 3 | 4 | 5 | 6 |

図 **4.4**　ブロック分割法

はカットオフ距離以遠のセルなので最初から検討する必要はない．

各セルはそのセルにいる粒子の粒子名と粒子数を把握する必要がある．文献(2)には，必要最少限のメモリーで済む方法が載っているが，ここではもう少し多めのメモリーを使用する代わりにもっとわかりやすい方法を示す．各セルは粒子名を変数NAME(J, K)に，粒子数をNMX(K)に格納する．一方，粒子は自分が属するセル名をCELL(I)に格納する．ただし，Iは粒子名を表す添字，Kはセル名を表す添字である．この方法は非常にわかりやすいが，各セルに存在する粒子数は前もってわからないので，変数NAMEの第1配列の大きさの宣言時には多少大きめの値を設定しなければならない．したがって，実際に使用するメモリーよりも多少多めのメモリーを確保しなければならなくなってしまう．

モンテカルロ・シミュレーションの場合には，一個の粒子の移動を実施したら，それに合わせてその粒子に関係する分の情報を入れ換える．したがって，分子動力学シミュレーションのように一度に情報を入れ換えることはせず，逐次入れ換えることになる．

**b.　Verlet neighbor list 法**

前述のブロック分割法は，分割されたブロックの一辺の長さ $l$ の分解能で粒子の位置を把握し，各セル自身が粒子名の情報を有していた．一方，Verlet

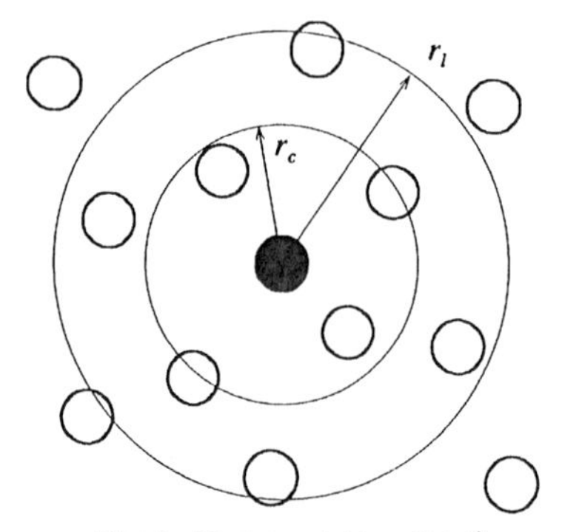


図 4.5 Verlet neighbor list 法

neighbor list 法[8] では，各粒子が自分と相互作用する相手粒子の名前のリストを保有することになる．図 4.5 はこの方法の概念を示した図である．それぞれの粒子は，カットオフ距離よりも長い距離 $r_l$以内にいる粒子の粒子名を，リストとして変数に格納しておく．モンテカルロ・シミュレーションや分子動力学シミュレーションでは，粒子が 1 ステップで動く距離は微小なので，たとえカットオフ距離内への粒子の出入りがあっても，$r_l$内の粒子を把握しておけば，ある程度の間はその粒子の情報をそのまま使い続けることができる．これが Verlet neighbor list 法である．もし，近接する粒子の情報を，例えば，10MC ステップごとに入れ換えてシミュレーションを実行すれば，大幅な計算時間の短縮が計れることは明らかである．

$r_l$の値や何ステップ毎に情報を入れ換えるかの決定は経験的な面が大きいが，次のような基準が適用できる．$\delta r_{max}$を 1 ステップで移動し得る最大距離とすれば，$r_l > r_{coff} + 2P\delta r_{max}$ を満たす $r_l$の値を選ばなければならない．この場合 $P$は情報の入れ換えの MC ステップ数を意味する．以上で示した基準はあくまでも目安と考えて，現実に即した適正な値は試行錯誤的に決める．

## 4.4 カットオフ距離の導入による平均値の補正

分子シミュレーションの場合，一般には必ずカットオフ距離 $r_{coff}$ が用いられる．カットオフ距離を十分長く取れれば問題はないが，そうでない場合，得られた結果に補正を加えなければならない．

いま，ある物理量 $X$ が，粒子間距離 $r_{ij}$ の関数 $x(r_{ij})$ の集団平均と次のような関係にあるとする．

$$X = a\left\langle \sum_{i}\sum_{\substack{j \\ (i<j)}} x(r_{ij}) \right\rangle \tag{4.1}$$

ここに，$a$ は定数である．この式は動径分布関数 $g(r)$ を用いて次のようにも書ける．式 (2.116) を得たのと同様の手順より，

$$X = a\frac{N}{2}\int_0^\infty x(r)ng(r)4\pi r^2 dr = a\cdot 2\pi Nn\int_0^\infty x(r)g(r)r^2 dr \tag{4.2}$$

ここに，$N$ は系の粒子数，$n$ は粒子の数密度である．第 4.5 節で見るように，$r$ が十分大きければ，動径分布関数は $g(r)\simeq 1$ となる．したがって，カットオフ距離の導入によって得た $X$ の値を $X_{coff}$ とすれば，$X$ は $X_{coff}$ と式 (4.2) から得られる長距離オーダーからの寄与分の補正値 $X_{LRC}$ の和として近似的に表される．すなわち，

$$X \simeq X_{coff} + X_{LRC} \tag{4.3}$$

ただし，$X_{LRC}$ は式 (4.2) と $g(r)\simeq 1$ ( $r > r_{coff}$ に対して) を考慮して次のように書ける．

$$X_{LRC} = a\cdot 2\pi Nn\int_{r_{coff}}^\infty x(r)r^2 dr \tag{4.4}$$

例えば，圧力 $P$ の場合，式 (2.56) と (2.116) に注意して，

$$P = P_{coff} + \frac{2\pi N^2}{3V^2}\int_{r_{coff}}^\infty r^3 f(r)dr = P_{coff} - \frac{2\pi N^2}{3V^2}\int_{r_{coff}}^\infty r^3\frac{du(r)}{dr}dr \tag{4.5}$$

粒子間ポテンシャル $u(r)$ がレナード・ジョーンズ ポテンシャルの場合，式 (4.5) の右辺第 2 項は解析的に容易に計算できる．

## 4.5　2体相関関数の評価

式(2.115)に示したように，2体相関関数 $g^{(2)}(\boldsymbol{r})$ を計算するためには，まずディラックのデルタ関数を評価しなければならない．ある一点での不連続な特徴を実際に表現するのは不可能であるので，計算上はある有限の微小体積で置き換えてこの関数の評価を行う．したがって，ある位置 $\boldsymbol{r}$ に取った微小検査体積 $\Delta V(\boldsymbol{r})$ にいる粒子の数を $\Delta N(\boldsymbol{r})$ とすれば，ディラックのデルタ関数 $\delta(\boldsymbol{r})$ は次のように近似できる．

$$\sum_{j=1}^{N}\delta(\boldsymbol{r}-\boldsymbol{r}_j)\simeq\frac{\Delta N}{\Delta V} \tag{4.6}$$

ゆえに，粒子 $i$ を基準に取り，そこから $\boldsymbol{r}$ の位置の微小体積 $\Delta V(\boldsymbol{r})$ にいる粒子の数を $\Delta N_i(\boldsymbol{r})$ とすれば，2体相関関数 $g^{(2)}(\boldsymbol{r})$(式(2.115))は，次のように書ける．

$$g^{(2)}(\boldsymbol{r})=\frac{1}{Vn^2}\left\langle\sum_{i=1}^{N}\frac{\Delta N_i(\boldsymbol{r})}{\Delta V(\boldsymbol{r})}\right\rangle \tag{4.7}$$

例えば，$z$ 軸を天頂角 $\theta$ の基準に取り，方位角を $\phi$ とすれば，微小体積は $(\Delta r\cdot r\Delta\theta\cdot r\sin\theta\Delta\phi)$ となるので，式(4.7)は次のように書ける．

$$g^{(2)}(\boldsymbol{r})=g^{(2)}(r,\theta,\phi)=\frac{1}{Vn^2}\left\langle\sum_{i=1}^{N}\frac{\Delta N_i(r,\theta,\phi)}{r^2\sin\theta\Delta r\Delta\theta\Delta\phi}\right\rangle \tag{4.8}$$

この方法は $r$ が大きくなるほど検査体積が大きくなってしまうが，粒子が検査体積内に存在するかどうかの判定は非常に簡単である．

動径分布関数 $g(r)$ の場合には方向性がないので，式(4.8)は次のように書ける．

$$g(r)=\frac{1}{Vn^2}\left\langle\sum_{i=1}^{N}\frac{\Delta N_i(r)}{4\pi r^2\Delta r}\right\rangle \tag{4.9}$$

このように $g(r)$ は球殻内の粒子の数を調べることで得られる．

実際にモンテカルロ・シミュレーションを実行し，レナード・ジョーンズ系に対して調べた動径分布関数の結果を図4.6に示す．温度は $T^*=1.2$，数密度

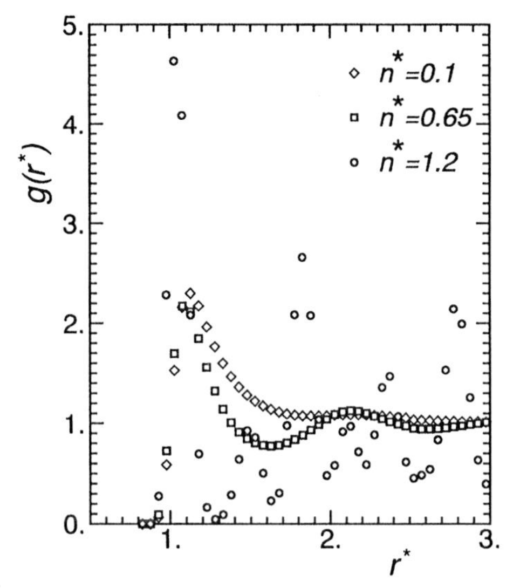


**図 4.6**　レナード・ジョーンズ系の動径分布関数 ($T^* = 1.2$)

は $n^* = 0.1, 0.65, 1.2$ と取っており，これは図 A4.2 の状態図から，気体，液体，固体の領域に対する数密度を想定していることがわかる．式 (4.9) の$\Delta r$はここでは$\Delta r = \sigma/20$ と取った．図から明らかなように，$n^* = 0.1$ の場合には粒子近傍付近での相関は大きくなるが，その領域を越えると $r^*$の増加とともに $g(r^*)$ は急激に 1 に漸近することがわかる．これが気体の動径分布関数の典型的な特徴である．液体の $n^* = 0.65$ の場合には，気体の場合とは異なり，周期的な変動とともに $g(r^*) = 1$ へと収束していくことがわかる．液体の場合，まわりの分子が障壁となってある程度他の領域への移動が制限されるので，この事実が動径分布関数の周期的な特徴となって現れている．一方，固体の場合には，基本的には他の領域へ移動することはなく，自分の位置で微小な振動運動を行っている．図 4.6 の動径分布関数はまさしくこの事実をよく表しており，分子が存在する付近で鋭いピークが生じている．もし，温度が絶対零度で，分子が運動していなければ，理論上のディラックのデルタ関数そのものの特徴となり，幅ゼロの鋭いピークが分子が存在する位置に生じるはずである．

## 4.6 平均値の誤差評価

シミュレーションによって得た値は，当然統計的な誤差を含むので，平均値とともに誤差の大きさも合わせて表記する必要がある．得られた値の誤差表示は，分子シミュレーションに限らず，実験値や数値解を示す場合必須となりつつある．

分子シミュレーションにおいては，誤差は主に系統的誤差 (systematic error) と統計的誤差 (statistical error) に分類できる．前者の要因としては，系の有限性すなわち粒子数が有限であること，境界条件の使用，カットオフ距離の導入，分子動力学法の場合には運動方程式の差分化，などによるものがあり，これらはサンプリング数を増やしても精度は改善しない．一方，後者は無限時間の平均を有限の時間で置き換えることや集団平均を有限個の状態点で評価することなどに起因し，これらはサンプリング数が増すほど精度は改善する．以下においては，統計的誤差の評価法[1,2] を示す．なお，系統的誤差の把握として，少なくとも系の粒子数 $N$ およびカットオフ距離 $r_{coff}$ の値を変えたシミュレーションを行い，解に与える影響は調べる必要がある．

分子シミュレーションによって，ある量 $A$ の $M$ 個のサンプリング値 $A_1$，$A_2$，$\cdots$，$A_M$ を得たとする．これらのサンプリング値から平均値を次のように求めるのは既に述べた．

$$\langle A \rangle_{run} = \frac{1}{M} \sum_{i=1}^{M} A_i \tag{4.10}$$

さて，統計的な見方に立って $\langle A \rangle_{run}$ の誤差を評価してみる．もし，確率変数 $A_1, A_2, \cdots, A_M$ が互いに独立で，母集団の平均 $\langle A \rangle$ および分散 $\sigma^2(A)$ に従うものとする．この場合，中心極限定理 (central limit theorem) から，上記確率変数の算術平均して作った一つの確率変数 $\langle A \rangle_{run}$ は，$M \to \infty$ に対して，平均が $\langle A \rangle$，分散が $\sigma^2 (\langle A \rangle_{run}) = \sigma^2(A)/M$ なる正規分布に従うようになるということがわかる[9]．もし，$M$ が十分大きければ，

$$\left.\begin{aligned} \langle A\rangle &\simeq \langle A\rangle_{run} \\ \sigma^2(A) &\simeq \left\langle (\delta A)^2 \right\rangle_{run} = \frac{1}{M}\sum_{i=1}^{M}\left(A_i - \langle A\rangle_{run}\right)^2 \end{aligned}\right\} \tag{4.11}$$

したがって，シミュレーションで得られた平均値 $\langle A\rangle_{run}$ の誤差としては，標準偏差を用いて，

$$\pm 1.96\sqrt{\left\langle (\delta A)^2 \right\rangle_{run} \Big/ M} \tag{4.12}$$

と表すことが可能である．ただし，ここでは，95%の信頼区間として誤差を定義しているので，係数1.96を用いた．もし，99%の信頼区間で誤差を定義するならば，係数は2.58を用いなければならない．なお，95%の信頼区間とは，$\langle A\rangle_{run}$が95%の確率で $(\langle A\rangle - 1.96\sigma(A)/M^{1/2})$ から $(\langle A\rangle + 1.96\sigma(A)/M^{1/2})$ の区間内の値を取ることを意味している．さて，一般にサンプリング値 $A_1, A_2, \cdots, A_M$ は独立ではない．したがって，この式は修正する必要がある．

いま，サンプリング・データを $M_B$個のデータを有するブロックに区切り，各ブロックの先頭データだけを取り出すとする．もしこれらのデータが互いに独立になるような $M_B$の最小値 $M_{corr}$ がわかるならば，式 (4.12) は次のように修正できる．

$$\pm 1.96\sqrt{\left\langle (\delta A)^2 \right\rangle_{run} (M_{corr}/M)} \tag{4.13}$$

したがって，サンプリング・データから $M_{corr}$を求めれば，式 (4.13) で表された誤差の値を計算できる．以下に $M_{corr}$の算出法を示す．

$M_B$個のデータからなるブロックが $N_B$個あるとすると，$N_B M_B = M$が成り立つ．そこで各ブロックでの平均を次のように定義すると，

$$\langle A\rangle_{B_1} = \frac{1}{M_B}\sum_{i=1}^{M_B} A_i\ ,\ \langle A\rangle_{B_2} = \frac{1}{M_B}\sum_{i=M_B+1}^{2M_B} A_i\ ,\ \cdots \tag{4.14}$$

これらのブロック内の平均 $\langle A\rangle_B$の分散$\sigma^2(\langle A\rangle_B)$ は次のように書ける．

$$\sigma^2(\langle A\rangle_B) = \left\langle (\delta\langle A\rangle_B)^2 \right\rangle = \frac{1}{N_B}\sum_{b=1}^{N_B}\left(\langle A\rangle_{B_b} - \langle A\rangle_{run}\right)^2 \tag{4.15}$$

もし，$M_B$を十分大きく取れば，$\langle A\rangle_{B_1}, \langle A\rangle_{B_2}, \cdots$ は互いに相関がなくなるので，式(4.12)から，式(4.15)は$M_B$に逆比例することがわかる．すなわち，次のように書ける．

$$\sigma^2\left(\langle A\rangle_B\right) = \frac{\beta\sigma^2(A)}{M_B} \quad (M_B \to \infty) \tag{4.16}$$

もし，$A_1, A_2, \cdots$のデータに相関がなければ$\beta = 1$である．式(4.16)を変形して，

$$\beta = \lim_{M_B\to\infty} \frac{M_B\sigma^2\left(\langle A\rangle_B\right)}{\sigma^2(A)} \tag{4.17}$$

式(4.11)と(4.15)を用いれば，式(4.17)から$\beta$が得られる．通常は横軸に$1/M_B$を取って，$M_B\sigma^2\left(\langle A\rangle_B\right)/\sigma^2(A)$をプロットすれば，$\beta$は求めやすい．式(4.16)と(4.13)との対応関係から，$M_{corr} = \beta$となることは明らかである．

## 4.7　長距離相互作用の処理(エワルドの方法)

### 4.7.1　点電荷同士の相互作用

レナード・ジョーンズ ポテンシャルのように短距離オーダーのポテンシャルの場合，カットオフ距離を導入して計算時間を短縮化することができたが，クーロン・ポテンシャルに代表される長距離オーダーのポテンシャルを対象とする場合には，通常，遠くの仮想セル内にいる粒子との相互作用も考慮する必要がある．

いま，シミュレーション領域として一辺の長さが$L$の立方体を考え，周期境界条件を用いる．系は$N$個の荷電粒子から構成されるとし，任意の粒子$i$の電荷を$q_i$，位置ベクトルを$\boldsymbol{r}_i$で表す．また，系は全体として中性であると仮定する．このように取ると，クーロン・ポテンシャルによる系(基本セル)の全エネルギー$E$は次のように表される．

$$E = \frac{1}{2}\sum_{\boldsymbol{n}}{}' \left( \sum_{i=1}^{N}\sum_{j=1}^{N} \frac{q_i q_j}{|\boldsymbol{r}_{ji} + L\boldsymbol{n}|} \right) \tag{4.18}$$

ここに，CGS 静電単位を用いているが，SI 単位に直すには$4\pi\epsilon_0$ ($\epsilon_0$は真空の誘電率)で除せばよい．また，$\boldsymbol{r}_{ji} = \boldsymbol{r}_j - \boldsymbol{r}_i$，$\boldsymbol{n} = (n_x, n_y, n_z)$で$n_x =$

$0, \pm1, \pm2, \pm3, \cdots$なる整数であり，$n_y$と$n_z$も同様である．例えば，$\boldsymbol{n} = (0,0,0)$の場合は基本セル，他の場合は周期境界条件による仮想セルを意味する．和の記号の上付き添字のプライムは$\boldsymbol{n} = 0$ のときに$i = j$の項を除くこと，すなわち，自分自身との相互作用を除くことを意味する．式 (4.18) から明らかなように，$\boldsymbol{n}$ による収束が非常に緩慢なので，この式をシミュレーションで直接用いるのはあまり実用的ではない．そこで巧妙な方法によって $\boldsymbol{n}$ による収束を著しく改善したのが，次に述べるエワルドの方法 (Ewald method)[10~13] である．

いま，粒子 $i$ と仮想粒子を含めたすべての粒子との相互作用のエネルギー $E_i$ を考える．すなわち，

$$E_i = q_i \sum_{\boldsymbol{n}}{}' \sum_{j=1}^{N} \frac{q_j}{|\boldsymbol{r}_{ji} + L\boldsymbol{n}|} \tag{4.19}$$

エワルドの方法では，式 (4.19) を計算するときに，次の二つの電荷分布の寄与の和として考えるものである．第 1 の分布は，他の粒子の点電荷とそれを遮蔽する電荷分布の和からなる分布であり，粒子 $j$について示すと $q_j - \rho_j(\boldsymbol{r}')$ なる分布である．第 2 の分布は遮蔽分布を相殺する分布そのものの電荷分布であり，粒子 $j$については$\rho_j(\boldsymbol{r}')$ である．ただし，$\rho_j(\boldsymbol{r}')$ は次に示す正規分布とする．

$$\rho_j(\boldsymbol{r}') = q_j \sigma(\boldsymbol{r}') = q_j \frac{\kappa^3}{\pi^{3/2}} \exp\left(-\kappa^2 r'^2\right) \tag{4.20}$$

ここに，$\boldsymbol{r}'$は着目する点電荷の位置からの相対位置ベクトルであり，$\kappa$は分布の広がりを表すパラメータである．以上の分布の概念図を図 4.7 に模式的に示す．第 1 と第 2 の分布は図 4.7 の (a) と (b) に相当する．点電荷と遮蔽された他の点電荷との相互作用を考える場合，もし，遮蔽分布の広がりがそれほど大きくなければ，粒子間距離の増加とともに遮蔽された点電荷は中性に見えるようになり，相互作用はないものと考えることができるようになる．したがって，着目する点電荷の近くに位置する遮蔽された点電荷のみとの相互作用を計算すればよいことになる．これがエワルドの方法の大きな特徴である．

表式の導出はかなり複雑になるので，付録 A6 に譲ることにし，ここでは結果だけを示すことにする．すなわち，式 (4.18) はエワルドの方法を用いると次

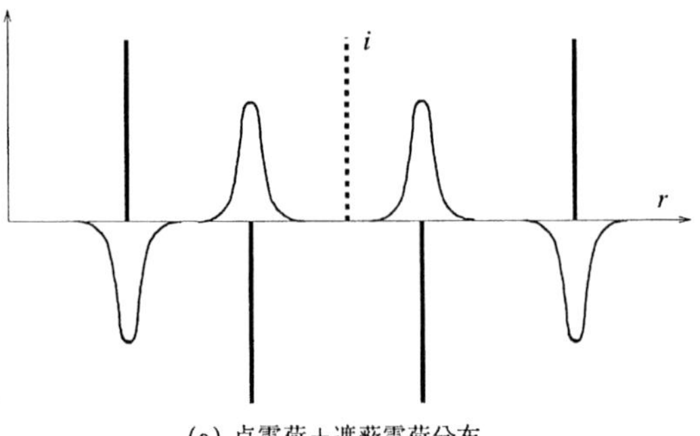


(a) 点電荷＋遮蔽電荷分布

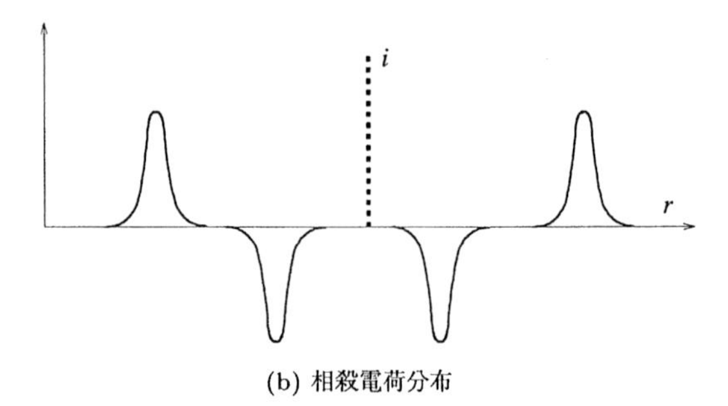


(b) 相殺電荷分布

**図 4.7** エワルドの方法で用いられる 2 種類の電荷分布
(粒子 $i$ と他の粒子との相互作用の場合)

のように書ける．

$$E = \frac{1}{2}\sum_{i=1}^{N}\sum_{j=1}^{N}\left\{\sum_{\boldsymbol{n}}{}' q_i q_j \frac{\mathrm{erfc}\left(\kappa\left|\boldsymbol{r}_{ji}+L\boldsymbol{n}\right|\right)}{\left|\boldsymbol{r}_{ji}+L\boldsymbol{n}\right|} + \frac{1}{\pi L^3}\sum_{\boldsymbol{k}(\neq 0)} q_i q_j \frac{4\pi^2}{k^2}\exp\left(-k^2/4\kappa^2\right)\cos\left(\boldsymbol{k}\cdot\boldsymbol{r}_{ji}\right)\right\} - \frac{\kappa}{\pi^{1/2}}\sum_{i=1}^{N} q_i^2 \tag{4.21}$$

ここに，$\boldsymbol{k}=2\pi\boldsymbol{n}/L$，$\mathrm{erfc}(x)$ は補誤差関数で次式のとおりである．

$$\mathrm{erfc}(x) = 1 - \frac{2}{\sqrt{\pi}}\int_0^x e^{-t^2}\,dt \tag{4.22}$$

式 (4.21) の右辺第 1 項が点電荷と遮蔽された点電荷との相互作用の項，第 2 項が点電荷と相殺分布との相互作用の項であり，これは自分自身の相殺分布との相互作用も含んでいるので，第 3 項がその寄与を除くための項である．

式 (4.21) からわかるように，第 1 項は，$\kappa$の値を大きく取ると，$\boldsymbol{n}$ の増加に対して急激に収束するようになる．これは$\boldsymbol{n} = 0$，すなわち，最近接像の方法を用いた基本セル内の粒子のみを対象として計算できることを意味している．一方，第 2 項は逆に$\kappa$の値が大きいと，$\boldsymbol{k}$ の増加に対する収束が緩慢になる．以上からわかるように，$\kappa$の値を適当に選ぶことにより，式 (4.21) の右辺第 1 項を急激に収束させることができるとともに，第 2 項の収束もそれほど緩慢にならないようにすることができる．$\kappa$の値の一例を挙げると，例えば，$\kappa = 5/L$ と置き，$\boldsymbol{k}$として 100 ～ 200 個の波数ベクトルを対象とすればよい[14]．

### 4.7.2　双極子同士の相互作用

次に，正負の電荷が対になった電気双極子同士の相互作用を考える．これは電気双極子を微小距離離れた大きさの等しい正負の点電荷の対と見なして，前述の議論がそのまま適用できる[11]．導出は付録 A6 で示すことにして，結果だけを示す．粒子 $i$ の双極子モーメントを$\boldsymbol{\mu}_i$とすると，基本セルの有する電気双極子間の相互作用のエネルギー $E$は次のようになる．

$$
\begin{aligned}
E = \frac{1}{2}\sum_{i=1}^{N}\sum_{j=1}^{N}\Biggl[ & {\sum_{\boldsymbol{n}}}' \left\{ A\left(|\boldsymbol{r}_{ji} + L\boldsymbol{n}|\right)\left(\boldsymbol{\mu}_j \cdot \boldsymbol{\mu}_i\right)\right. \\
& \left. - B\left(|\boldsymbol{r}_{ji} + L\boldsymbol{n}|\right)\left((\boldsymbol{r}_{ji} + L\boldsymbol{n}) \cdot \boldsymbol{\mu}_j\right)\left((\boldsymbol{r}_{ji} + L\boldsymbol{n}) \cdot \boldsymbol{\mu}_i\right)\right\} \\
& + \frac{1}{\pi L^3}\sum_{\boldsymbol{k}(\neq 0)} \frac{4\pi^2}{k^2}\exp\left(-k^2/4\kappa^2\right)\left(\boldsymbol{k}\cdot\boldsymbol{\mu}_j\right)\left(\boldsymbol{k}\cdot\boldsymbol{\mu}_i\right)\cos\left(\boldsymbol{k}\cdot\boldsymbol{r}_{ji}\right)\Biggr]
\end{aligned}
\tag{4.23}
$$

ここに，

$$
\left.
\begin{aligned}
A(r) &= \mathrm{erfc}(\kappa r)/r^3 + (2\kappa/\pi^{1/2})\exp\left(-\kappa^2 r^2\right)/r^2 \\
B(r) &= 3\mathrm{erfc}(\kappa r)/r^5 + (2\kappa/\pi^{1/2})\left(2\kappa^2 + 3/r^2\right)\exp\left(-\kappa^2 r^2\right)/r^2
\end{aligned}
\right\}
\tag{4.24}
$$

以上はCGS静電単位が用いられていることに注意されたい.

なお, 式(5.5)で示す磁気双極子の場合には, 電気双極子との相似性から, 式(4.23)に係数($\mu_0/4\pi$)を掛けて, 電気双極子モーメント$\boldsymbol{\mu}_i$を磁気モーメント$\boldsymbol{m}_i$に置き換えればそのまま適用できる.

## 文　　献


1) J.M. Haile, " Molecular Dynamics Simulation: Elementary Methods", John Wiley & Sons, New York (1992).
2) M.P. Allen and D.J. Tildesley, " Computer Simulation of Liquids", Clarendon Press, Oxford (1987).
3) D.W. Heermann, " Computer Simulation Methods in Theoretical Physics", 2nd ed., Springer-Verlag, Berlin (1990).
4) 岡田　勲・大澤映二編, " 分子シミュレーション入門", 第2章, 海文堂 (1989).
5) N.Metropolis, et al., " Equation of State Calculations by Fast Computing Machines", J. Chem. Phys., 21(1953), 1087.
6) B. Quentrec and C. Brot, " New Method for Searching for Neighbors in Molecular Dynamics Computations", J. Comput. Phys., 13(1975), 430.
7) R.W. Hockney and J.W. Eastwood, " Computer Simulation using Particles", McGraw-Hill, New York (1981).
8) L.Verlet, " Computer Experiments on Classical Fluids. I. Thermodynamical Properties of Lennard-Jones Molecules", Phys. Rev., 159(1967), 98.
9) 児玉正憲, " 基本数理統計学", pp.74-75, 牧野書店 (1992).
10) P. Ewald, " Die Berechnung Optischer und Elektrostatischer Gitterpotentiale", Ann. Phys., 64(1921), 253.
11) S.W. de Leeuw, et al., " Simulation of Electrostatic Systems in Periodic Boundary Conditions. I. Lattice Sums and Dielectric Constants", Proc. Roy. Soc. London A, 373(1980), 27.
12) C. Kittel, " Introduction to Solid State Physics", 6th ed., pp.606-610, John Wiley & Sons, New York (1986).
13) D.M. Heyes, " Electrostatic Potentials and Fields in Infinite Point Charge Lattices", J. Chem. Phys., 74(1981), 1924.
14) L.V. Woodcock and K.Singer, " Thermodynamic and Structural Properties of Liquid Ionic Salts obtained by Monte Carlo Computation", Trans. Faraday Soc., 67(1971), 12.

# 5

# モンテカルロ法の適用例

この章では，筆者が行った研究に焦点を絞り，詳しく見ていくことで，物理現象の解明とモンテカルロ・シミュレーションの果たす役割の把握の一助としたい.

## 5.1　コロイド分散系の凝集現象

コロイド粒子が強く凝集するような系の場合，通常の Metropolis 法では収束が非常に緩慢なので，凝集構造を正しく捕獲することが困難である．そこで考案されたのが第 6.1 節で示す cluster-moving モンテカルロ法である．以下，この方法の有効性と強磁性微粒子の太い鎖状クラスタのシミュレーションに成功した適用例を示す[1~3].

### 5.1.1　非磁性コロイド分散系

ここでは，粒子間力が等方的なコロイド分散系をモデル系として，cluster-moving モンテカルロ・アルゴリズムの有用性を検討した結果[1]を示す.

**a.　電気二重層の相互作用および van der Waals 力**

モデル系として，粒子間力が中心力であるようなコロイド分散系を取り上げる．分散媒に懸濁されたコロイド粒子は種々の原因により帯電しているが，このような帯電コロイド粒子のまわりには電気二重層と呼ばれる電荷の不均一な分布が生じる[4]．粒子同士が接近し電気二重層が重畳すると，静電反発力により粒子間斥力が生じる．電気二重層の重なりにより生じる自由エネルギーの変化$\Delta G_E$は DLVO 理論[5,6] によって与えられ，薄い二重層で囲まれた粒子，すなわち，粒子半径 $a(d=2a)$ が電気二重層の厚さ $1/\kappa$ より十分大きい場合，および Debye-Hückel 近似 $(Ze\psi_0 \ll kT)$ が成り立つときには，$\Delta G_E$ は次のように表される．

$$\Delta G_E = 2\pi\varepsilon a\psi_0^2 \ln\{1+\exp(-\kappa s)\} \tag{5.1}$$

ここに，$Z$ : 対イオンのイオン価数，$e$ : 電子の電荷，$\varepsilon$ : 媒質 (分散媒) の誘電率，$\psi_0$ : 粒子表面の電位，$s$ : 2 粒子の固体表面間の距離，$k$ : ボルツマン定数，$T$ : 液温 (絶対温度)，である．なお，単位系は MKSA 単位系が用いられていることに注意されたい．式 (5.1) を $kT$ で除して無次元化すると，

$$\Delta G_E/kT = \eta \ln\left(1+e^{-\kappa^* x}\right) \tag{5.2}$$

ただし，$\eta = 2\pi\varepsilon a\psi_0^2/kT, \kappa^* = a\kappa, x = s/a$ である．

粒子間力としては，さらに，分散力である van der Waals 引力が考えられる．Hamaker[7] によれば，van der Waals 相互作用のエネルギー $E_A$ は，$A$ を Hamaker 定数，$\alpha = A/6kT$ とすれば，次のようになる．

$$E_A/\,kT = -\alpha\left\{\frac{2}{x^2+4x}+\frac{2}{(x+2)^2}+\ln\frac{x^2+4x}{(x+2)^2}\right\} \tag{5.3}$$

### b. ポテンシャル曲線

2 粒子間の全体の相互作用のエネルギー $E_{TOT}$ を次のように仮定する．

$$E_{TOT} = \Delta G_E + E_A \tag{5.4}$$

ポテンシャル曲線を求めるに当たり，代表値を次のように取る．Hamaker 定数は多くのコロイド粒子に対して $A = 1\times10^{-21} \sim 1\times10^{-19}$[J] の範囲の値となるので，$\alpha = 2$ とする．$\eta$ の値は，Debye-Hückel 近似を満足する $\psi_0$ と $a$ によって，かなり広い範囲の値を取り得るが，ここでは $\eta = 10, 70$ の 2 通りに取る．$\kappa^*$ は $a \gg 1/\kappa$ の条件を考慮して，$\kappa^* = 5$ とする．以上のような無次元数の値を取って求めたポテンシャル曲線の結果を図 5.1 に示す．$\eta = 70$ の場合には，約 $30kT$ 程の高いポテンシャル障壁が存在するので，粒子同士がこの障壁を越えて結合することはほとんど不可能である．一方，$\eta = 10$ のときには，

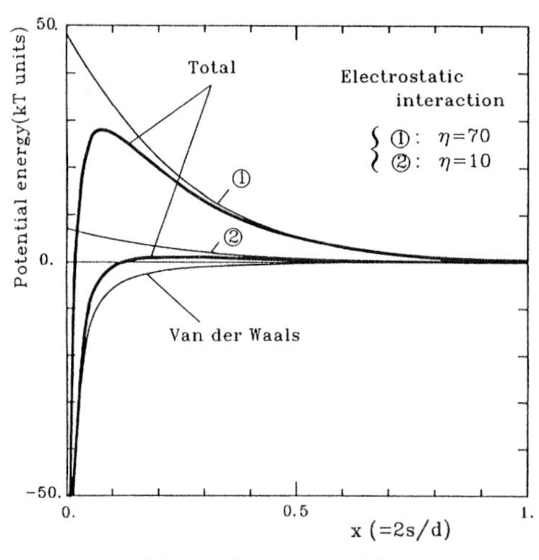


**図 5.1** ポテンシャル曲線

ポテンシャル障壁らしきものは存在しないので，粒子同士が接近すると，深い谷の部分に落ち込むことにより結合する．したがって，全体としては大きな一塊のクラスタを形成するはずである．

### c. シミュレーションにおける諸パラメータ

ここでは，2次元のシミュレーションを行うことにより，cluster-moving モンテカルロ・アルゴリズムの特徴とその有効性を検討した．カットオフ半径 $r_{coff}$ は $r_{coff} = 5d$ とし，粒子数は $N = 400$ と取っている．基本セルとしての正方形セルの大きさは，粒子の面積分率が 0.046 になるように取っている．さらに，粒子またはクラスタの位置を乱数を用いて移動させる際，その移動の最大距離$\delta r_{max}$は特に断らない限り $\delta r_{max} = 3d$ と取った．なお，粒子がクラスタを形成しているとみなす粒子間距離 $r_c$は，粒子同士が引力を受ける領域と考えて，$\eta = 10$ のとき $r_c = d + 0.1d$ , $\eta = 70$ のとき $r_c = d + 0.04d$ とした．さらに，図 5.1 からわかるように，粒子表面が接すると相互作用のエネルギーは無限小になってしまうので，粒子間距離が $d + 0.005d$ 以内では，$d + 0.005d$ でのエネルギー値を取るものとして処理している．なお，結果はすべて 20,000MC ステップまで行ったものであるが，そのうち最初の 10,000MC ステップまではクラスタの移動を伴う方法，すなわち，cluster-moving MC アルゴリズムを用い，残りがクラスタの移動を伴わない通常のアルゴリズムである．

### d. 結果と考察

電気二重層の相互作用の大きさを$\eta = 10$ (急速凝集) および$\eta = 70$ (凝集なし) の 2 通りに取って，系の収束状況と凝集構造を調べた結果を図 5.2 と 5.3 に示す．ただし，$\eta = 70$ の場合には図 5.1 のポテンシャル曲線から明らかなように，粒子同士の結合は生じないので，シミュレーションにおける$\delta r_{max}$の値とポテンシャル曲線との関係に関して調べた結果を示す．なお，図中に現れる $N_{cm}$ は $N_{cm}$MC ステップごとにクラスタの移動が試行されたことを意味する．

図 5.2(a) は $\eta = 10$ の場合に対して系の収束状態を粒子 1 個当たりのエネルギーに注目して調べた結果である．また，それぞれの 20,000MC ステップ

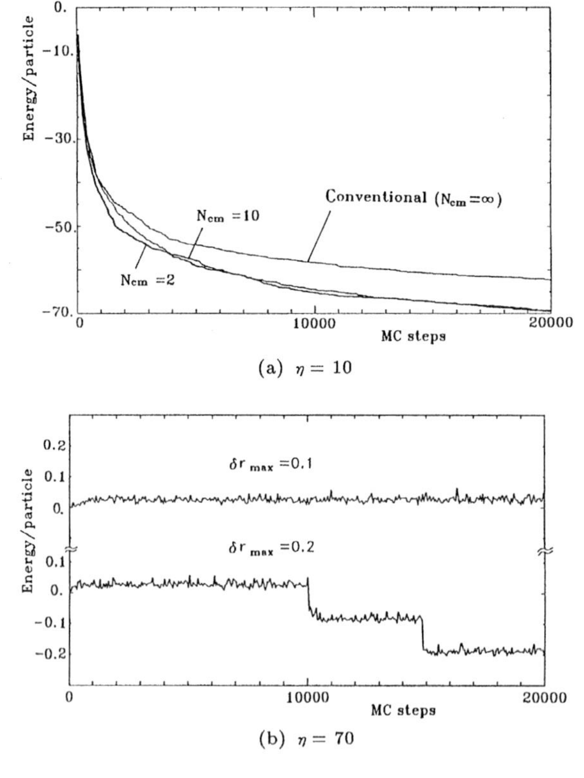


(a) $\eta = 10$

(b) $\eta = 70$

**図 5.2** 系の収束状況

での凝集状態を図 5.3 の (a), (b), (c) に示す．図 5.2(a) より明らかなように，cluster-moving モンテカルロ・アルゴリズムは，磁性流体の場合[8]と同様に，平衡状態への推移を著しく改善していることがわかる．ただし，磁性流体の場合とは異なり，20,000MC ステップ時においてもまだ平衡状態への収束は十分達成されていない．これはコロイド分散系における粒子間力が短距離力であることに起因するものである．図 5.3(c) の $N_{cm}=2$ の場合の凝集構造は物理的にある程度妥当な結果を示しており，従来のアルゴリズムによる図 5.3(a) と比較

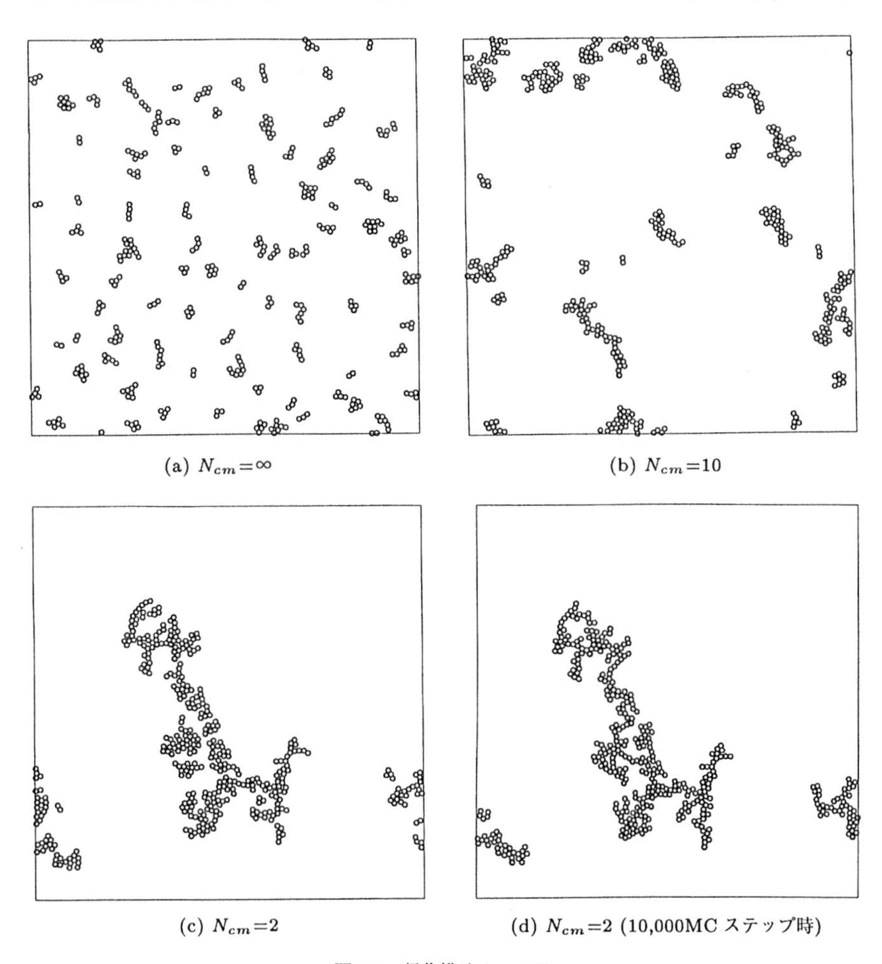

(a) $N_{cm}=\infty$　(b) $N_{cm}=10$

(c) $N_{cm}=2$　(d) $N_{cm}=2$ (10,000MC ステップ時)

**図 5.3** 凝集構造 ($\eta=10$)

すると，その差は歴然としている．図 5.3(a) の凝集構造の結果は物理的にまったく正しくない．図 5.3(c) を周期境界条件を考慮して注意深くながめると，大きな塊は島状に遊離したクラスタより構成されている．これは，クラスタの移動を伴ったアルゴリズムによる収束が不十分であったため，10,000MC ステップ以後の粒子移動の操作でこのような島状に遊離してしまったものと思われる．参考までに，クラスタ移動の操作が打ち切られる 10,000MC ステップでの凝集構造を図 5.3(d) に示す．図 5.3(d) は中央にいるクラスタが大きな塊の一続きのクラスタとなっていることを示している．

図 5.2(b) は，移動量の最大値$\delta r_{max}$によって，エネルギーの収束状態がどのように変わるかを調べたものである．したがって，ここでは，cluster-moving アルゴリズムの検討を行うものではない．一般的に，ポテンシャル障壁の高さが$15kT$以上あると，粒子同士は結合しないと言われている．図 5.1 に示したように，$\eta = 70$ のポテンシャル障壁は約 $30kT$ あるので，粒子の凝集は有り得ない．シミュレーションに際しては，粒子にこのポテンシャル障壁を認識させなければならないので，$\delta r_{max}$ をポテンシャル障壁を特徴づける代表長さよりも十分小さく取らなければならない．$\delta r_{max}$をこのように取らないと，粒子はこの障壁をまたいでしまうので，誤った凝集を生じてしまう．図 5.2(b) の$\delta r_{max} = 0.2$ の場合においては，10,000MC ステップおよび 15,000MC ステップ付近でエネルギーの急激な飛びが存在するが，これは$\delta r_{max}$が大き過ぎたために，ある粒子がポテンシャル障壁を飛び越えてしまったことによる．このようにポテンシャル曲線の形によっては，$\delta r_{max}$を大きく取れないので，注意しなければならない．

### 5.1.2　磁 性 流 体

磁性流体とは，ベースとなる液体に無数の強磁性微粒子を懸濁したコロイド溶液のことである[9]．ある種の磁性流体に磁場を印加すると，粒子が凝集し磁場方向に沿って鎖状クラスタを形成することが顕微鏡で観察されている[10,11]．母液に懸濁された強磁性微粒子の大きさが，通常 10nm 程度の大きさであることを考慮に入れると，光学顕微鏡で観察される鎖状クラスタが，磁場方向に沿って結合した単純な強磁性微粒子の凝集体というよりも，はるかに太いクラスタであることは明らかである．このような太い鎖状クラスタ形成を説明するのに，

2次粒子の概念が導入された[12]．すなわち，等方的な粒子間力によって形成された2次粒子が，磁場の作用下で磁化を有するようになり，それらが磁場方向に凝集して鎖状クラスタを形成し，さらに，それらの鎖状クラスタが凝集してより太い鎖状クラスタを形成する，というものである．鎖状クラスタ間に大きな引力が作用することは，次節で述べる2次粒子が直線状に結合して形成された鎖状クラスタ間のポテンシャル曲線の検討から明らかである．

ここでは，第6.1節で述べる cluster-moving モンテカルロ法を用いて，3次元系に対するシミュレーションを行うことにより，太い鎖状クラスタの捕獲を試みた結果[3]を示す．

### a. 粒子モデル

2次粒子を構成する1次粒子のモデルとしては，磁気双極子を有する球状粒子を仮定する．粒子の有する磁気モーメントの大きさを $m$，磁場の強さを $\boldsymbol{H}(H=|\boldsymbol{H}|)$ とすれば，粒子 $i$ と磁場との相互作用のエネルギー $u_i$ および粒子 $i$ と粒子 $j$ との相互作用のエネルギー $u_{ij}$ は，それぞれ次のように書ける[13]．

$$\left.\begin{aligned} u_i &= -kT\xi\boldsymbol{n}_i\cdot\boldsymbol{H}/H \\ u_{ij} &= kT\lambda\frac{d^3}{r_{ij}^3}\left\{\boldsymbol{n}_i\cdot\boldsymbol{n}_j-3\left(\boldsymbol{n}_i\cdot\boldsymbol{t}_{ji}\right)\left(\boldsymbol{n}_j\cdot\boldsymbol{t}_{ji}\right)\right\} \end{aligned}\right\} \tag{5.5}$$

ただし，$\xi$ と $\lambda$ はそれぞれ粒子と磁場，粒子と粒子の磁気的な相互作用の大きさを表す無次元パラメータで，次のとおりである．

$$\xi=\mu_0 mH/kT\ ,\ \lambda=\mu_0 m^2/4\pi d^3 kT \tag{5.6}$$

ここに，$k$：ボルツマン定数，$\mu_0$：真空の透磁率，$T$：温度，$\boldsymbol{m}_i$：磁気モーメント（$m=|\boldsymbol{m}_i|$），$r_{ji}$：粒子 $i$ と $j$ を結ぶベクトル $\boldsymbol{r}_{ji}$ の大きさ，$\boldsymbol{n}_i,\boldsymbol{t}_{ji}$ は単位ベクトルで $\boldsymbol{n}_i=\boldsymbol{m}_i/m, \boldsymbol{t}_{ji}=\boldsymbol{r}_{ji}/r_{ji}$，$d$：粒子の直径，である．

### b. 鎖状クラスタのポテンシャル曲線

クラスタ間のポテンシャル曲線の結果は第5.2節で詳細に扱うので，ここでは次の点だけを述べる．クラスタが平行に位置した場合，クラスタ間には斥力が働き，引力が生じることはない．一方，クラスタが千鳥的に位置した場合，クラスタ同士が接近した位置において引力が作用するようになる．2次粒子が1

次粒子そのものとした場合の結果は，多数の1次粒子からなる2次粒子で構成されるクラスタのポテンシャル曲線の特徴を，第ゼロ近似として非常によく捕らえている．

### c. シミュレーションのための設定条件

設定条件および諸量の設定値は次のとおりである．多数の1次粒子からなる2次粒子を対象としたシミュレーションは，スーパーコンピュータをもってしても非常に困難であるので，ここでは1次粒子が2次粒子そのものであるとするモデルを用いる．系は$N_{sys}$個のそのような粒子から構成される分散系であるとする．ただし，溶媒分子は無視して考える．シミュレーション領域は立方体とし，粒子数$N_{sys}$および無次元数密度$n^*(=nd^3)$は，$N_{sys}=1000$と$n^*=0.1$に取っている．シミュレーションにおいて，粒子がクラスタを形成しているとみなす粒子間距離$r_c$は，ここでは$r_c=1.2d$と取り，カットオフ半径$r_{coff}$は，第5.2節の結果を参考にし，$r_{coff}=8d$とする．粒子およびクラスタの一回の試行で移動し得る最大距離は$0.5d$とした．クラスタの移動の試行は70MCステップごとに実施し，この操作を最後のステップまで行う．2体相関関数の評価に際しては，磁場に平行な方向の相関関数$g_{\parallel}^{(2)}(\boldsymbol{r})$および磁場に垂直な方向の相関関数$g_{\perp}^{(2)}(\boldsymbol{r})$の2通りの方向に対する相関関数を求めている．この場合，式(4.7)の微小体積$\Delta V$はそれぞれ$\Delta V=\pi r^2(\Delta\theta)^2\Delta r/4$と$2\pi r^2\Delta\theta\Delta r$になる．ここで用いた値は$\Delta r=d/20$および$\Delta\theta=\pi/18$である．シミュレーションは約150,000MCステップまで実行し，凝集構造のスナップショットの結果を得ている．その後さらに約270,000MCステップ実行し，2体相関関数の評価を行っている．

粒子は磁気モーメントを有するので，シミュレーションにおいてはこの方向も変えなければならない．ここでは次のような方法を用いた．図5.4に示すように，いま単位ベクトル$\boldsymbol{n}$が$(\theta,\phi)$の方向を向いているとする．ここで，$z$軸のまわりに角度$\phi$分回転させ，さらに$y$軸のまわりに角度$\theta$分回転させて，新しい座標系$XYZ$を作ることにする．それぞれの座標系の基本ベクトルを$(\boldsymbol{\delta}_x,\boldsymbol{\delta}_y,\boldsymbol{\delta}_z),(\boldsymbol{\delta}_X,\boldsymbol{\delta}_Y,\boldsymbol{\delta}_Z)$とすれば，任意の点の$xyz$座標系での座標成分$(x,y,z)$と$XYZ$座標系での成分$(X,Y,Z)$は次の関係で結ばれる．

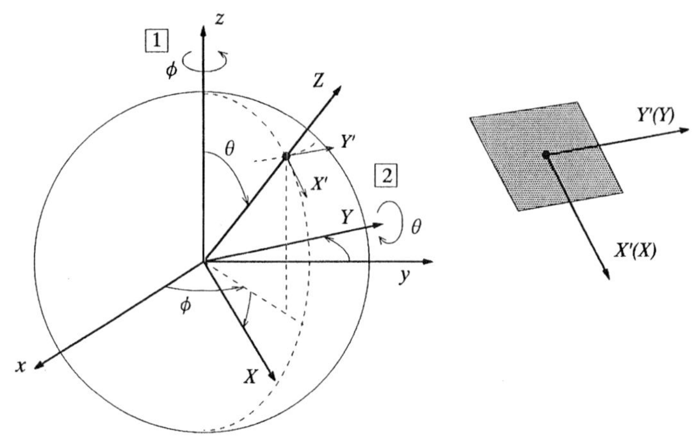


図 5.4　単位ベクトルの方向の微小角変更法

$$\begin{pmatrix} x \\ y \\ z \end{pmatrix} = \boldsymbol{T}_1^{-1}\boldsymbol{T}_2^{-1} \begin{pmatrix} X \\ Y \\ Z \end{pmatrix} \tag{5.7}$$

ただし，$\boldsymbol{T}_1^{-1}$と$\boldsymbol{T}_2^{-1}$は上述の座標変換に対する変換行列$\boldsymbol{T}_1$と$\boldsymbol{T}_2$の逆行列である．$\boldsymbol{T}_1$と$\boldsymbol{T}_2$は次のとおりである．

$$\boldsymbol{T}_1 = \begin{pmatrix} \cos\phi & \sin\phi & 0 \\ -\sin\phi & \cos\phi & 0 \\ 0 & 0 & 1 \end{pmatrix}, \ \boldsymbol{T}_2 = \begin{pmatrix} \cos\theta & 0 & -\sin\theta \\ 0 & 1 & 0 \\ \sin\theta & 0 & \cos\theta \end{pmatrix} \tag{5.8}$$

ゆえに，$\boldsymbol{T}_1^{-1}\boldsymbol{T}_2^{-1}$は次のように得られる．

$$\boldsymbol{T}_1^{-1}\boldsymbol{T}_2^{-1} = \begin{pmatrix} \cos\theta\cos\phi & -\sin\phi & \sin\theta\cos\phi \\ \cos\theta\sin\phi & \cos\phi & \sin\theta\sin\phi \\ -\sin\theta & 0 & \cos\theta \end{pmatrix} \tag{5.9}$$

$Z$軸が単位ベクトル $\boldsymbol{n}$ の方向と一致していることに注意されたい．すなわち，$XYZ$座標系では$\boldsymbol{n} = \boldsymbol{\delta}_Z$と書ける．ゆえに，単位ベクトル $\boldsymbol{n}$ の方向を微小角だけ変更して$\boldsymbol{n}'$に変えるには，一様乱数 $R_1, R_2$を用いて次のようにすればよい．

$$\begin{pmatrix} n_X{}' \\ n_Y{}' \end{pmatrix} = \delta r \begin{pmatrix} 2R_1 - 1 \\ 2R_2 - 1 \end{pmatrix} \tag{5.10}$$

ここに，$\delta r$は最大移動量を規定する定数値である．$\boldsymbol{n}'$は単位ベクトルなので，$n_Z{}'$は$n_Z{}' = \left(1 - n_X{}'^2 - n_Y{}'^2\right)^{1/2}$から決める．したがって，求める$xyz$座標系の成分$(n_x{}', n_y{}', n_z{}')$が式 (5.7) から得られる．以上は，球面を接平面で置き換えて処理しているので，近似的な方法ということができる．ここでは磁気モーメントの変化し得る最大角を 10° になるような$\delta r$の値を用いている．

**d.　結果と考察**

凝集構造の粒子間力への依存性を，磁場を$\xi = 30$とした場合に対して図 5.5 に示す．図中左側に配置した図は斜め方向から，右側の図は $z$ 軸方向 (磁場方向) から見たスナップショットの結果である．図 5.5(b) の$\lambda = 4$の結果は，磁場方向に沿って数本の太い鎖状クラスタが形成していることをはっきりと示している．図 5.8 の結果よりこの場合のポテンシャル障壁の高さは約 $4kT$である ことがわかるので，鎖状クラスタ同士はこのようなポテンシャル障壁を容易に乗り越え，太い鎖状クラスタを形成することが可能であったものと推察できる．粒子間力が非常に強い図 5.5(c) の$\lambda = 15$の場合は，明らかに$\lambda = 4$の場合の凝集構造と大きく異なっている．すなわち，磁場方向に長い鎖状クラスタの形成は見られるけれども，図 5.5(b) と比べるとかなり細いクラスタ構造になっている．図 5.8 から$\lambda = 15$の場合には約 $15kT$の高さのポテンシャル障壁が存在するので，細い鎖状クラスタ同士はこのような高いポテンシャル障壁を越えて結合することは不可能である．したがって，図 5.5(c) のような細い鎖状クラスタのままにとどまり，$\lambda = 4$の場合のような太い鎖状クラスタに成長することはない．図 5.5(a) のような粒子間力が弱い場合，多数の短いクラスタは形成されるが，図 5.5(b) や (c) のような長い鎖状クラスタに成長することはない．

凝集構造の磁場の強さへの依存性を，$\lambda = 4$に対して図 5.6 に示す．$\xi = 5$の場合，磁場方向の鎖状クラスタの形成は見られるが，図 5.5(b) と比較するとかなりばらけた凝集構造となっている．図 5.6(b) における鎖状クラスタはかなり曲がりくねっており，このようなクラスタ間には密な太い鎖状クラスタを形成するのに十分な大きさの引力が働かないと推測できる．図 5.6(a) のように，磁場と粒子との相互作用が粒子間の相互作用よりもかなり小さい場合には，非直線的なクラスタ構造を取るので[14,15]，太い鎖状クラスタの形成は見られない．

2 体相関関数の粒子間力への依存性を調べた結果を図 5.7 に示す．図 5.7(a)

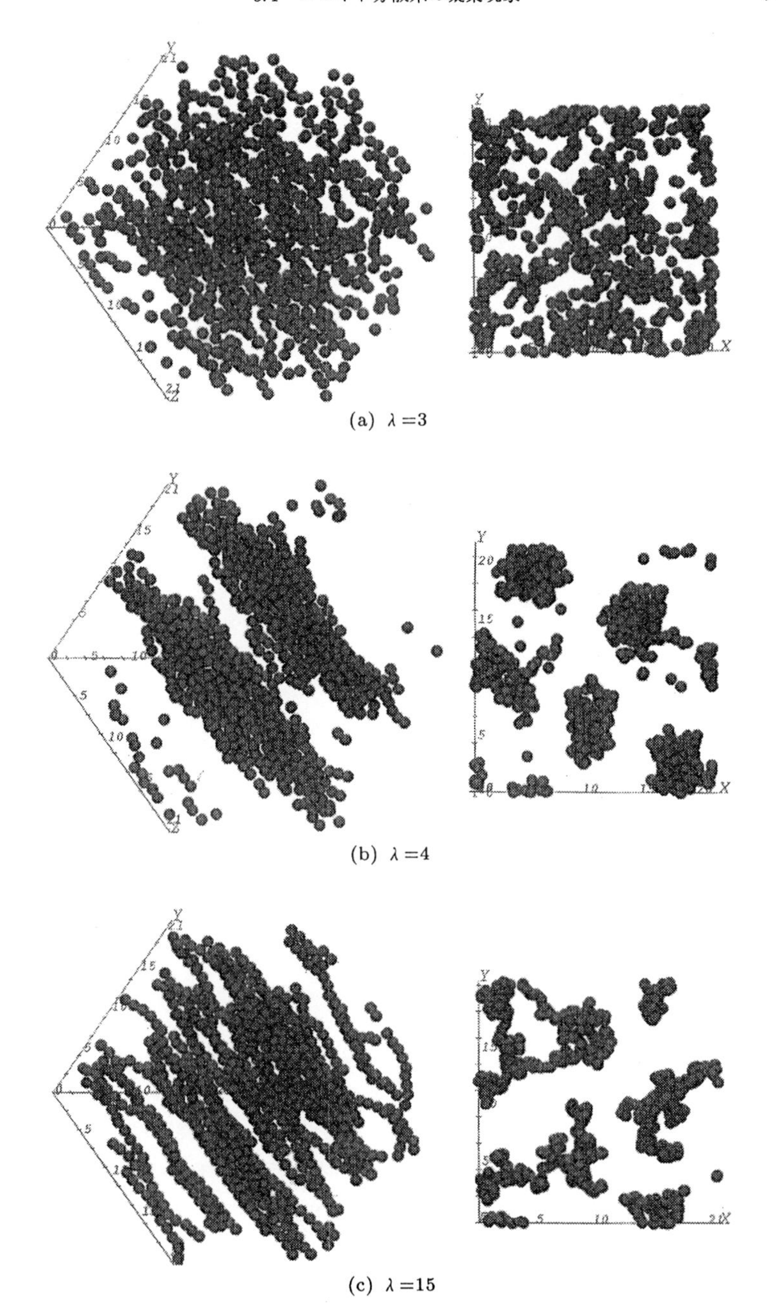

(a)　$\lambda = 3$

(b)　$\lambda = 4$

(c)　$\lambda = 15$

**図 5.5**　粒子間力による凝集構造の変化 ($\xi = 30$)

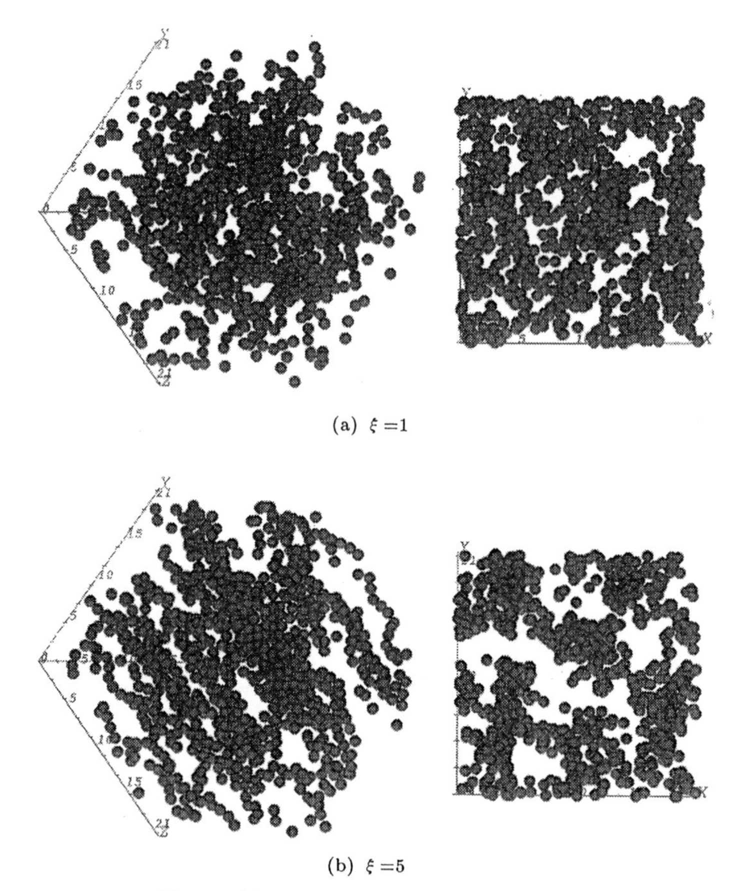

(a)　$\xi=1$

(b)　$\xi=5$

**図 5.6**　磁場の強さによる凝集構造の変化 ( $\lambda=4$)

の磁場に平行な方向の相関関数の場合，明らかに粒子直径の整数倍のところに鋭いピークが見られ，固体的な特徴を示している．この傾向は$\lambda$の値が増すほど顕著になる．$\xi=30$ という非常に強い磁場の場合，各粒子の磁気モーメントはほとんど磁場方向に拘束される．このような状況下において粒子間力が大きくなる場合，磁気モーメントが一直線状になる粒子配置がより好まれることが式 (5.5) よりわかる．以上の理由により，$\lambda$の値が大きくなると，粒子直径の整数倍のところでより強い相関を示すようになる．図 5.7(b) の磁場に垂直な方向の結果から次のことがわかる．$\lambda=3$ の場合には気体的な相関を示しており，

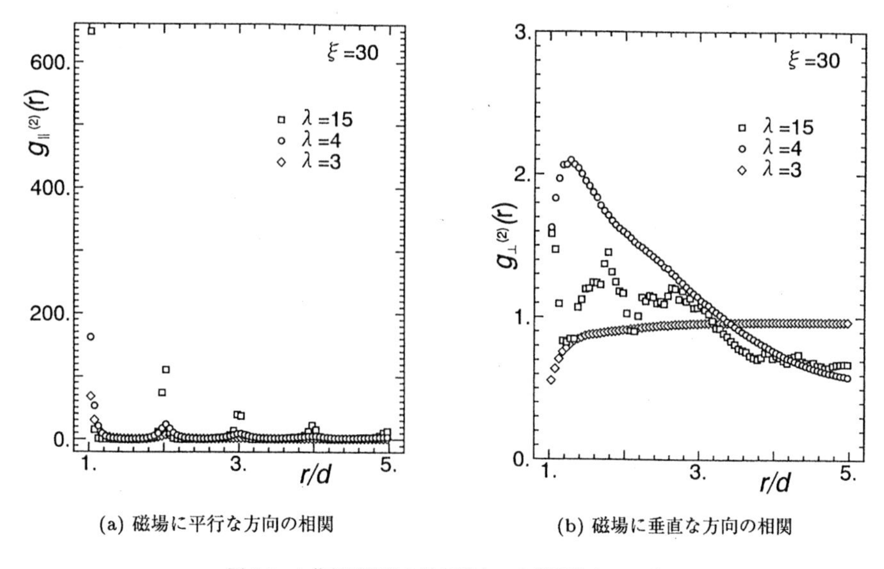


(a) 磁場に平行な方向の相関　(b) 磁場に垂直な方向の相関

図 5.7　2 体相関関数の粒子間力への依存性 ($\xi=30$)

これは図 5.5(a) に示した，顕著な凝集構造を有さない結果と一致する．一方，$\lambda=4$ や 15 の場合には液体的な相関の特徴を示しており，特に$\lambda=4$ の場合近距離での相関が非常に強いことを示している．$\lambda=15$ のときよりも非常に太い鎖状クラスタを形成していることを考慮すると，妥当な結果である．

## 5.2　強磁性微粒子の磁気モーメントの配向分布

先に述べたように，強磁性微粒子の太い鎖状クラスタ形成は，2 次粒子の概念によって非常によく説明できる．したがってここでは，2 次粒子から構成される直線状の鎖状クラスタのモデルを用い，クラスタの配置によってクラスタ間の相互作用のエネルギーがどのように変化するかを調べた結果[16]を示す．また，2 次粒子を構成する 1 次粒子の磁気モーメントの配向分布が，クラスタの相互作用にどのような影響を及ぼすかの検討結果も示す．

### 5.2.1　2 次粒子のモデル

2 次粒子を構成する 1 次粒子のモデルとしては，磁気双極子を有する球状粒子を仮定する．粒子 $i$ と磁場との相互作用のエネルギー $u_i$ および粒子 $i$ と粒子 $j$ との相互作用のエネルギー $u_{ij}$ は，式 (5.5) に示したとおりである．2 次粒子のモデルとしては，図 5.11(a) のように，上記 1 次粒子が平面状に円形に近い状態で集合した粒子モデルを採用する．ただし，このような 2 次粒子を構成する凝集機構については，ここでは問題にしない[12]．

いま，図 5.11(a) に示すような $N$ 個の 1 次粒子からなる 2 次粒子同士の相互作用のエネルギーを考える．2 次粒子の輪郭に接するように描いた円の直径を 2 次粒子の直径と見なし $D$ とすれば，2 次粒子 $a$ と $b$ の相互作用のエネルギー $u_{ab}$ は，式 (5.5) を用いて次のように書ける．

$$\begin{aligned} u_{ab} &= \sum_{i_a=1}^{N}\sum_{j_b=1}^{N} u_{i_a j_b} \\ &= kT\lambda \sum_{i_a=1}^{N}\sum_{j_b=1}^{N} \frac{d^3}{r_{j_b i_a}^3}\left\{\boldsymbol{n}_{i_a}\cdot\boldsymbol{n}_{j_b} - 3\left(\boldsymbol{n}_{i_a}\cdot\boldsymbol{t}_{j_b i_a}\right)\left(\boldsymbol{n}_{j_b}\cdot\boldsymbol{t}_{j_b i_a}\right)\right\} \\ &= kT\Lambda \frac{1}{N^2}\sum_{i_a=1}^{N}\sum_{j_b=1}^{N} \frac{D^3}{r_{j_b i_a}^3}\left\{\boldsymbol{n}_{i_a}\cdot\boldsymbol{n}_{j_b} - 3\left(\boldsymbol{n}_{i_a}\cdot\boldsymbol{t}_{j_b i_a}\right)\left(\boldsymbol{n}_{j_b}\cdot\boldsymbol{t}_{j_b i_a}\right)\right\} \end{aligned} \tag{5.11}$$

ここに，

$$\Lambda = \lambda(d/D)^3 N^2 = \frac{\mu_0(mN)^2}{4\pi D^3 kT} \tag{5.12}$$

である．式 (5.5) と (5.11) の比較より，$\Lambda$ は 2 次粒子同士の磁気的な相互作用の大きさを表す無次元パラメータと見なせ，1 次粒子同士に対する $\lambda$ と類似の意味を有することがわかる．$\Lambda$ と $\lambda$ の数値的な関係は，例えば，$N = 7, 19, 37, 61$ に対して，$\Lambda/\lambda = 1.8, 2.9, 4.0, 5.1$ となる．ゆえに，磁場が十分強ければ，たとえ $\lambda = 1$ というような 1 次粒子同士の相互作用が弱くても，構成粒子数が多くなるにしたがって，2 次粒子同士が凝集するのに十分な大きさの磁気力が 2 次粒子間に生じ得ることが推測できる．

以上より，$N_{sp}$ 個の 2 次粒子からなるクラスタ同士の相互作用のエネルギー $u$ は次のように書ける．

$$u = \sum_{a=1}^{N_{sp}}\sum_{b=1}^{N_{sp}} u_{ab} = \sum_{a=1}^{N_{sp}}\sum_{b=1}^{N_{sp}}\sum_{i_a=1}^{N}\sum_{j_b=1}^{N} u_{j_b i_a} \tag{5.13}$$

クラスタのモデルとしては，図 5.12(d) のように，2 次粒子が磁場方向に直線状に密着して形成される鎖状クラスタを採用する．

### 5.2.2 ポテンシャル曲線および磁気モーメントの配向分布に関してのモンテカルロ法による計算

上で述べた鎖状クラスタのモデルを用い，同一の鎖状クラスタ同士の相互作用のエネルギーおよび粒子の磁気モーメントの配向分布を，通常のモンテカルロ法により計算した．計算はクラスタ間の距離を種々に変えて行った．ただし，カットオフ距離は用いていない．平均値の評価は，ポテンシャル曲線を求めるときには約 30,000MC ステップ，磁気モーメントの配向分布を求めるときには約 300,000MC ステップまでサンプリングを実行して計算している．

### 5.2.3 結 果 と 考 察

同一の鎖状クラスタ間のポテンシャル曲線の結果を図 5.8 と 5.9 に示す．ただし，両方のクラスタは磁場方向を向いているとし，図 5.9 は一方のクラスタを磁場に垂直な方向にずらして配置した場合 (平行配置)，図 5.8 は，図 5.13(d) のように，さらに一方のクラスタを 2 次粒子の半径分磁場方向にずらして配置した場合 (千鳥配置)，の結果である．図中の太い実線は $N=1$ の場合すなわち 1 次粒子をそのまま 2 次粒子とみなした場合，点線・破線および一点鎖線は $N$ 個の 1 次粒子で構成される 2 次粒子からなるクラスタ同士の場合であり，これらの結果はすべて磁場を$\xi=\infty$ と取って得られたものである．さらに，図 5.8 には丸印などの記号で表したモンテカルロ法の結果も合わせて載せてある．ただし，この場合の結果は，図中に示された磁場の強さに対する結果である．また，$r$はクラスタの中心軸間の距離である．

まず，図 5.9 の結果より，平行配置の場合には，中心軸間の全領域に渡ってクラスタ間には斥力が働くことになり，引力を生じるようなことはない．この斥力はクラスタ長が増すほど大きくなることがわかる．図 5.8 の千鳥配置の結果から次のことがわかる．クラスタ長がいずれの場合も，クラスタ同士が接近した位置においては，引力が作用するようになる．この引力はクラスタ長および 2 次粒子の大きさの増加とともに大きくなり，その作用域もクラスタ長とと

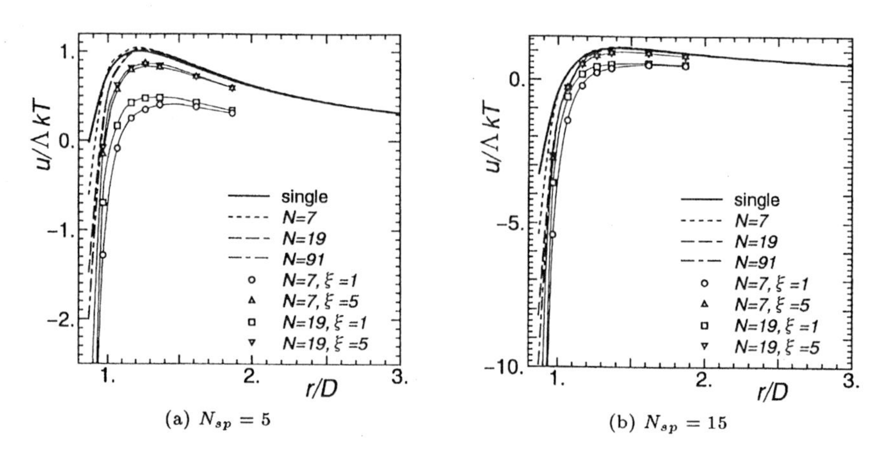


(a) $N_{sp}=5$　　(b) $N_{sp}=15$

**図 5.8**　2 次粒子からなる直線状クラスタのポテンシャル曲線 (千鳥配置)

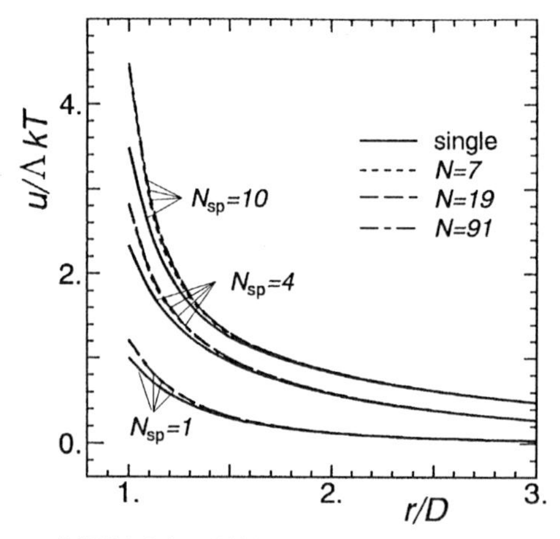


**図 5.9**　2 次粒子からなる直線状クラスタのポテンシャル曲線 (平行配置)

もに増大することがわかる．もう一つの特徴的なことは，エネルギー障壁を有するポテンシャル曲線となっていることである．このエネルギー障壁の高さは，クラスタ長の増加に対してほぼ一定であり，約$\Lambda kT$の値を与える．したがって，クラスタの長短にかかわりなく，1 次粒子の磁気モーメントや 2 次粒子が十分大きくなると，クラスタ間には高いエネルギー障壁が生じることになるので，クラスタがそのようなエネルギー障壁を乗り越えて凝集し太い鎖状クラスタを形成することは不可能になることがわかる．

次に，ポテンシャル曲線に及ぼすカットオフ半径の影響を千鳥配置に対して調べた結果を $N_{sp}=15$ に対して図5.10に示す．モンテカルロ・シミュレーションという観点から，ポテンシャル曲線がカットオフ半径の大小にどのように依存するかを明らかにすることは重要なことである．図中の $r_{coff}$ は2次粒子の直径 $D$ で規格化されたカットオフ半径を意味する．明らかにカットオフ半径が小さくなるほどエネルギー障壁が高くなることがわかる．$r_{coff}=3$ とした場合には，$r_{coff}=\infty$ の場合の値のおおよそ3倍くらいの高さのエネルギー障壁になってしまう．また，$r_{coff}=5$ の場合でも，かなりの誤差が生じる．したがって，モンテカルロ・シミュレーションによって，与えられた $\lambda$ の値に対する正しい凝集構造を得るためには，少なくとも $r_{coff}=8$ 以上の長いカットオフ半径を用いなければならない．

以上，鎖状クラスタ間のポテンシャル曲線を検討したが，次の点を強調したい．すなわち，2次粒子が1次粒子そのものとした場合の結果は，多数の1次粒子からなる2次粒子で構成されるクラスタのポテンシャル曲線の特徴を，第ゼロ近似として非常によく捕らえていることである．このことは，実際にモンテカルロ・シミュレーションによって鎖状クラスタをシミュレートしようとした場合に，そのような単純な2次粒子のモデルの適用が不適切ではないという

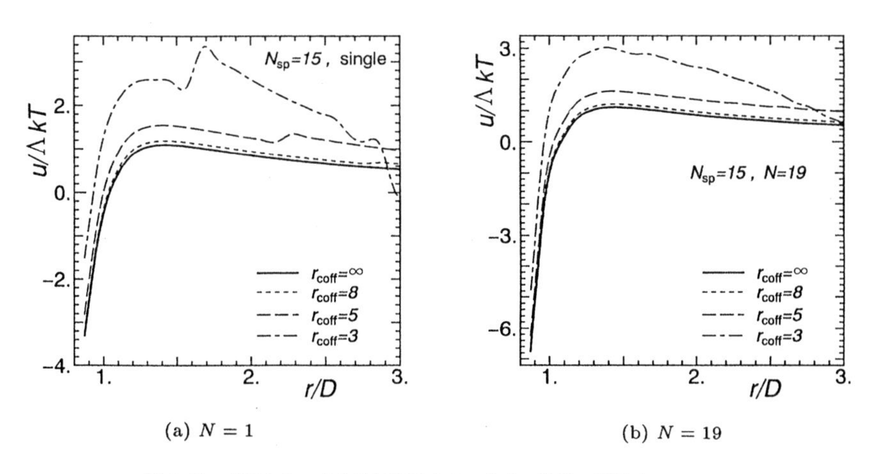


(a) $N=1$　　(b) $N=19$

**図5.10**　ポテンシャル曲線に及ぼすカットオフ半径の影響 ($N_{sp}=15$)

ことを示している．

1次粒子の磁気モーメントの集団平均を計算して得られた配向分布の結果を図5.11から図5.14に示す．ただし，図5.11と図5.12はクラスタ単体を磁場中に置いた場合であり，図5.13と図5.14は，二つのクラスタを千鳥配置で磁場中に配置して，磁気モーメントの配向分布を調べたものである．なお，図5.13と図5.14においては，左側に配置した結果はクラスタの中心軸間の距離が$r^*(=r/D)=0.866$の場合，右側の結果は$r^*=1.066$の場合の結果である．また，矢印の長さで磁気モーメントの平均値の大きさが比較できるように，長さが規格化されていることに注意されたい．

図5.11(a)と図5.12(a)より，2次粒子単体での1次粒子の磁気モーメントの配向分布は，明らかに一様ではなく，その傾向は図5.11(a)の$\xi=1$のように磁場が弱いほど顕著に現れる．粒子間の相互作用に対して粒子と磁場との相互作用が大きい場合，1次粒子の磁気モーメントが磁場方向に拘束される割合が大きくなるので，$\xi=5$の結果は磁気モーメントの平均値の大きさがほとんど$m$に等しくなっている．ところが，$\xi=1$の結果は，磁気モーメントの平均値が$m$よりもかなり小さく，磁気モーメントが平均方向のまわりをかなり振れ回っていることがわかる．2次粒子の数が2個以上になると，異なる2次粒子に属する1次粒子同士の相互作用により，磁気モーメントの平均方向からの振れ回りが抑制されることがわかる．この結果，磁気モーメントの平均値がより$m$に

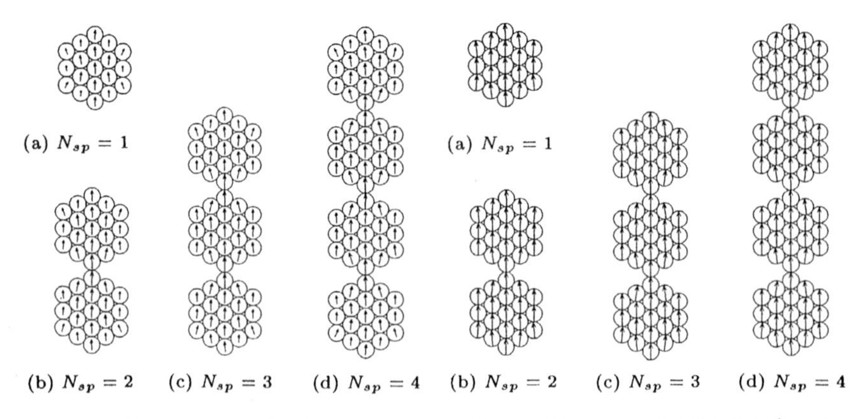


**図5.11**　磁気モーメントの配向分布($\xi=1$)　　**図5.12**　磁気モーメントの配向分布($\xi=5$)

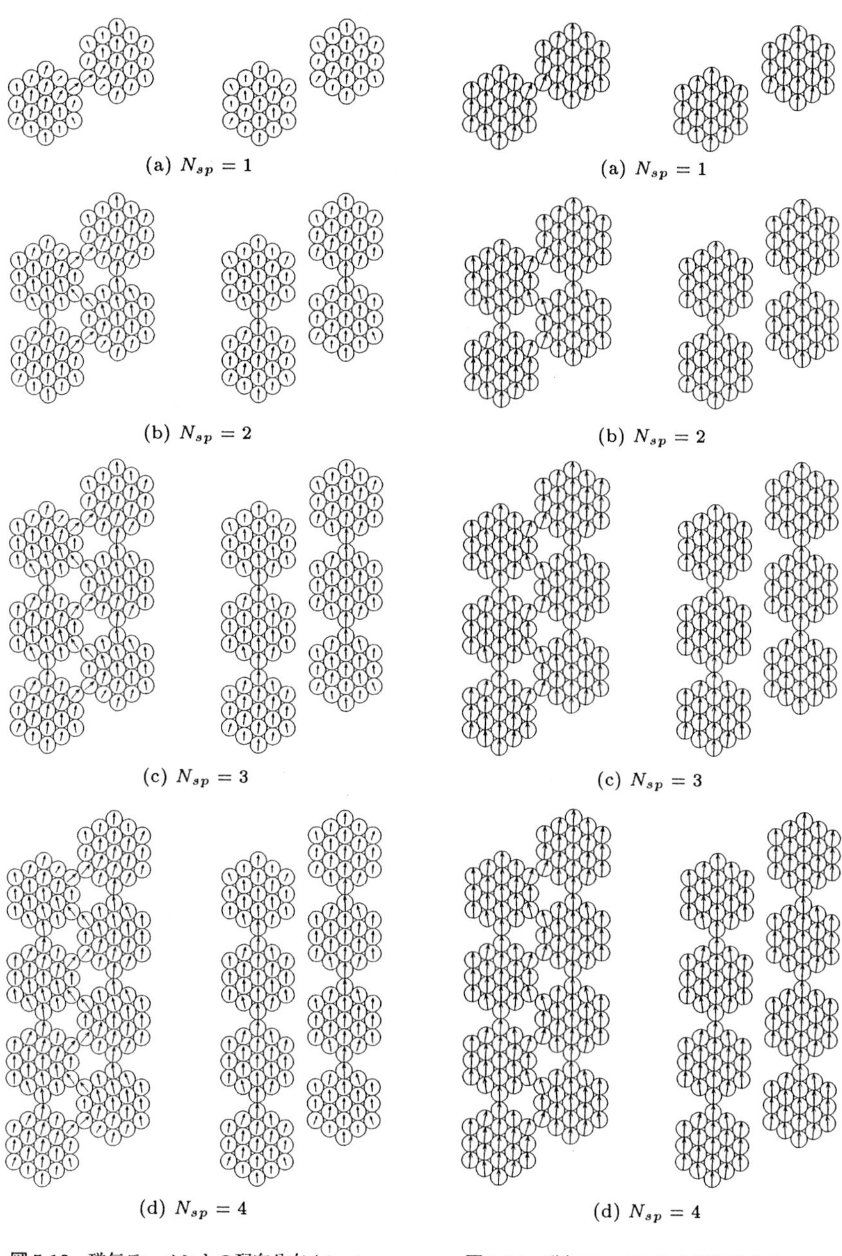


**図 5.13** 磁気モーメントの配向分布 ( $\xi$ =1, 左図:$r*$=0.866, 右図:$r*$=1.066)

**図 5.14** 磁気モーメントの配向分布 ( $\xi$ =5, 左図:$r*$=0.866, 右図:$r*$=1.066)

近い値を与えている．また，2次粒子同士の接触付近の粒子の磁気モーメントの方向もかなり変化することがわかる．

図5.13や図5.14のように千鳥配置で接触した状態 ($r^* = 0.866$) では，磁気モーメントの配向分布は，クラスタ単体のときに比べて非常に変化することがわかる．特に磁場が弱い図5.13の場合には，その影響域は2次粒子を構成する1次粒子のほぼ全体に及んでいることが図5.11との比較からわかる．図5.13(b)，(c)，(d) の場合，配向分布は，対応する粒子同士を比較すると，それほど大きな相違はない．図5.13と5.14ともに，クラスタ間の距離が $r^* = 1.066$ の場合には，磁気モーメントの配向分布は単独のときの結果と大きな相違はない．

図5.8で $\xi = 1$ というような磁場が弱い場合に深いポテンシャルの谷を与えるのは，図5.13の $r^* = 0.866$ のときの配向分布が示すように，多くの1次粒子の磁気モーメントが磁場方向から大きくずれることによって，より低い相互作用のエネルギーを達成していることによるものである．

## 文　　献


1) 佐藤　明，"Cluster-Moving Monte Carlo アルゴリズム (コロイド分散系への適用)"，粉体工学会誌, 28(1991), 508.
2) 佐藤　明，"強磁性コロイド分散系中における太い鎖状クラスタ形成に関するモンテカルロ・シミュレーション"，日本機械学会論文集 (B編), 61(1995), 926.
3) 佐藤　明・ほか3名，"強磁性微粒子の太い鎖状クラスタ形成に関する3次元モンテカルロ・シミュ レーション"，日本機械学会論文集 (B編), 61(1995), 2961.
4) 立花太郎・ほか6名，"コロイド化学-その新しい展開-"，第4章，共立出版 (1981).
5) B.V. Derjaguin and L. Landau, Acta. Physicochim., USSR, 14(1954), 633.
6) E.J. Verwey and J.T.G. Overbeek, "Theory of Stability of Lyophobic Colloids", Elsevier, Amsterdam (1948).
7) H.C. Hamaker, "The London-Van der Waals Attraction between Spherical Particles", Phyisica, 4(1937), 1058.
8) 佐藤　明，"微粒子の凝集構造捕獲のための計算機シミュレーション法 (cluster-moving Monte Carlo アルゴリズム)"，日本機械学会論文集 (B編), 57(1991), 2690.
9) 神山新一，"磁性流体入門"，産業図書 (1989).
10) C.F. Hayes, "Observation of Association in a Ferromagnetic Colloid", J. Coll. Interface Sci., 52(1975), 239.
11) S. Wells, et al., "Characterization of Magnetic Fluids in which Aggregation of Particles is Extensive", in Proceedings of the International Symposium on Aerospace and Fluid Science, 621, Tohoku University (1993).

12) A. Satoh and S. Kamiyama, "Analysis of Particles' Aggregation Phenomena in Magnetic Fluids (Consideration of Hydrophobic Bonds)", in Continuum Mechanics and Its Applications, pp.731-739, Hemisphere Publishers (1989).

13) 太田恵造, "磁気工学の基礎 I", pp.25-30, 共立全書 (1973).

14) R.W. Chantrell, et al., "Particle Cluster Configuration in Magnetic Fluids", J. Phys. D: Appl. Phys., 13(1980), L119.

15) R.W. Chantrell, et al., "Agglomerate Formation in a Magnetic Fluid", J. Appl. Phys., 53(1982), 2742.

16) 佐藤　明・ほか 3 名, "2 次粒子からなる太い鎖状クラスタのポテンシャル曲線と磁気モーメントの配向分布に関する研究", 日本機械学会論文集 (B 編), 61(1995), 2954.

# 6

# 高度なモンテカルロ法

## 6.1　微粒子の凝集構造捕獲のためのモンテカルロ法

強磁性微粒子が母液に懸濁された磁性流体や非磁性微粒子を分散相としたコロイド分散系における微粒子の凝集現象を，分子シミュレーションで再現しようとした場合，物理現象そのものがシミュレーションの時間領域を遥かに越えた尺度で進行するときには，通常の MC アルゴリズムでは微粒子の凝集構造を正しく捕えることは不可能である．ここではこのような微粒子の凝集現象をシミュレートするために考案された cluster-moving モンテカルロ法[1,2]についてまず示す．それから非常に洗練されたクラスタの定義法であるクラスタ解析法[3,4]を示す．

### 6.1.1　cluster-moving モンテカルロ・アルゴリズム

微粒子が液体に懸濁されたコロイド分散系を考える．粒子間引力が熱運動に打ち勝つ程大きい場合には，微粒子は互いに結合してクラスタを形成するはずである．例えば，強磁性微粒子が母液に分散された磁性流体[5]の場合，強磁場環境下で，熱エネルギー $kT$ に対する粒子間相互作用の大きさ $\lambda$ (式 (5.6)) が $\lambda \gg 1$ のときは，磁場方向に沿って非常に長い鎖状クラスタを形成するはずである．ところが，従来の Metropolis 法では，図 6.3(a) に示すように，$\lambda = 15$ という大きな値のときでさえ，非常に短い鎖状クラスタが形成されるに過ぎず，シミュレーションが進行してもこれ以上クラスタは成長しない．したがって，Metropolis 法では正しい凝集構造を得ることができないと言うことができる．なお，図 6.3 の結果を得るに際して用いたパラメータの値は後に詳しく説明する．

なぜ通常のアルゴリズムを用いると，図 6.3(a) の凝集構造から進展しないのであろうか．従来のアルゴリズムによるシミュレーションでは，クラスタが成長していくためには，粒子がクラスタから離脱し，成長するクラスタに合体しなければならない．ところが，$\lambda = 15$ の場合のように粒子間力が非常に強い場合には，粒子のクラスタからの離脱がめったに起こらない．これが通常のアルゴリズムでは凝集構造を正しく捕獲できない理由である．

cluster-moving MC 法は，通常の Metropolis MC アルゴリズムに，シミュレーションの進行過程で生じたクラスタを単一の粒子のごとく移動させるステップを導入することにより，より迅速に初期状態から平衡状態へと収束させる方法である．その際，推移確率 $p_{ij}$ を Metropolis 法と同じ式 (3.20) のように取って移動させることにより，粒子の凝集を促進させる．クラスタの移動に際して推移確率 (3.20) を用いることにより，多数のクラスタが生じていなければ従来のアルゴリズムに帰着することが保証される．

次に，cluster-moving MC アルゴリズムの理論的背景を考えてみる．図 6.1 に示すように，本アルゴリズムでは，二つのクラスタのどちらかが移動して一つのクラスタに合体することはあるが，単一のステップで一つのクラスタが二つのクラスタに解離することは起こり得ない．このことは式 (3.21) の関係が満足されないことを意味している．したがって，cluster-moving MC アルゴリズムを用いてシミュレーションを行う場合，厳密には，系が平衡状態になった時点でクラスタの移動を伴わない通常の MC アルゴリズムに切り換え，系を平衡状態にした後に注目する量の平均操作を行うようにしなければならない．しかしながら，クラスタの推移確率を Metropolis の推移確率と同一に取っているので，頻繁にクラスタ移動の操作を行わなければ，クラスタの移動を伴わないで

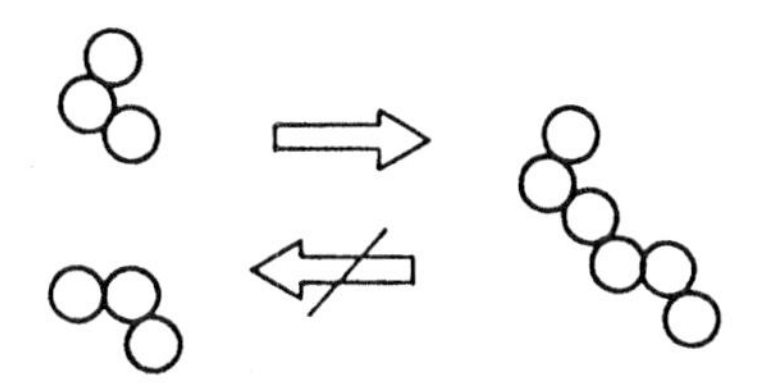

**図 6.1**　cluster-moving モンテカルロ・アルゴリズムに付随する特徴

得た平衡状態とクラスタの移動を伴って得た平衡状態とはほとんど同じであることがわかる．なお，クラスタの分割のステップを導入することで，式 (3.21) を満足する cluster-moving 法を開発することが原理的に可能であるものと思われる．

cluster-moving アルゴリズムの主要部を示す．

1. クラスタの形成状態を調べる
2. クラスタを一個選び出す (ランダムもしくは規則的に)
3. そのクラスタが有するエネルギー $U$ を計算する
4. 乱数によってそのクラスタを新しい位置に平行移動させ，そのときのクラスタが有するエネルギー $U'$ を計算する
5. もし，$\Delta U = U' - U \leq 0$ ならば，クラスタの移動を許可し，ステップ 2 から繰り返す
6. もし，$\Delta U > 0$ ならば，$0 \sim 1$ の一様乱数列から乱数 R を取り出し
   - 6.1 $\exp\{-\Delta U/kT\} > R$ のとき，クラスタの移動を許可し，ステップ 2 から繰り返す
   - 6.2 $\exp\{-\Delta U/kT\} \leq R$ のとき，クラスタの移動は許可せず，元の位置に戻してステップ 2 から繰り返す

ステップ 2 からの操作はクラスタの数だけ行う．ただし，単独に存在する粒子も便宜上クラスタと見なす．上記クラスタ移動のアルゴリズムを，通常のモンテカルロ・アルゴリズムに加えて実行することになるが，毎回クラスタ移動の操作はせず，適当な間隔ごとに行う．

cluster-moving 法の有用性を明らかにするために，強磁性微粒子からなる 2 次元系のモデル分散系に対するモンテカルロ・シミュレーションの結果[2)]を示す．粒子間相互作用は式 (5.5) で表され，磁気モーメントは強磁場条件の下で磁場方向を向いているとした．カットオフ距離は $r_{coff} = 5d$($d$ : 粒子直径)，粒子数は $N = 400$，シミュレーションの基本セルは粒子の面積分率が 0.046 になるように取っている．さらに，粒子またはクラスタの位置を乱数を用いて移動させる際，その移動の最大距離は $\delta r_{max} = 3d$ とする．結果はすべて 20,000MC ステップまで行ったものであるが，そのうち最初の 10,000MC ステップまではクラスタの移動を伴うアルゴリズム，残りがクラスタの移動を伴わない通常の

アルゴリズムである．

粒子がクラスタを形成していると見なす方法にはいくつかあるが，ここでは次のような簡易的な定義法を用いている．すなわち，粒子間距離がある距離 $r_c$ 以内ならば，それらの粒子は同一のクラスタを形成すると見なす．本シミュレーションでは $r_c = 1.3d$ としている．なお，次項において，より洗練されたクラスタの定義法を示す．

磁気的相互作用の大きさを $\lambda = 15$ (強い凝集) に取って，収束性に及ぼす $N_{cm}$ ($N_{cm}$ MC ステップごとにクラスタの移動が試行される) の影響を調べた結果を以下に示す．図 6.2 は系の収束性を粒子 1 個当たりのエネルギーに注目して調べた結果であり，$N_{cm} = 2, 10, \infty$ の 3 通りの場合が示してある．図より明らかなように，通常の MC アルゴリズムすなわち $N_{cm} = \infty$ の場合には，非常に収束が緩慢であり，一見収束状態に至っているように見える．図 6.3(a) は従来のアルゴリズムによる 20,000MC ステップでの凝集構造であるが，この凝集構造は 1,000MC ステップでのそれと本質的になんら変わっていない．式 (5.5) からわかるように，$\lambda = 15$ の場合ポテンシャル曲線の最小値は $30kT$ となるので，粒子は磁場方向に無限長 (微視的に言えば) の鎖状クラスタを形成するはずである．したがって，従来のアルゴリズムは，先に指摘したように，正しい凝集構造を与えていない．一方，クラスタの移動を伴ったシミュレーションの場合，$N_{cm}$ が増すほどより速やかに平衡状態に収束しているが，その収束性は

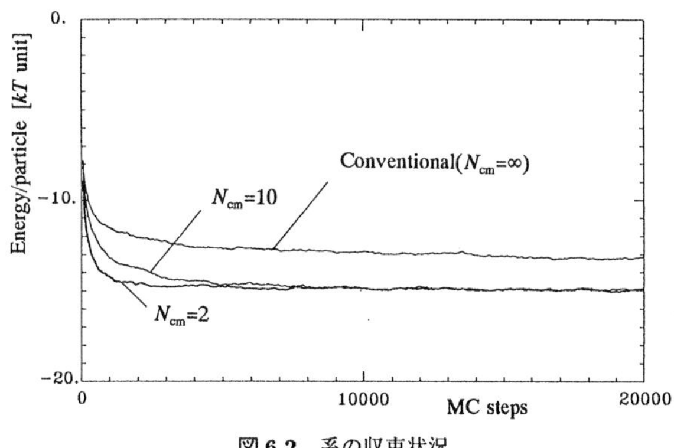


図 6.2　系の収束状況

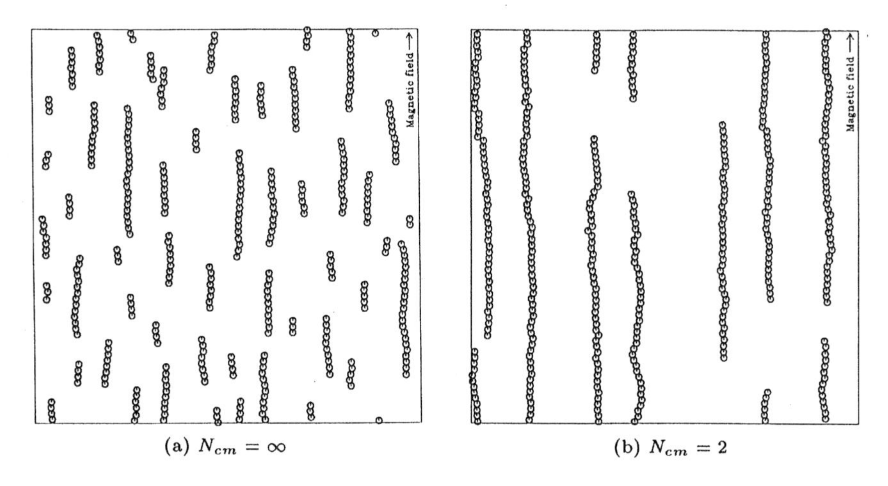


**図 6.3** 強磁性微粒子の凝集構造 ( $\lambda$ =15)

$N_{cm}=\infty$ と比較すると圧倒的に優れている．図 6.3(b) は cluster-moving MC アルゴリズムを用いて得られた凝集構造である．粒子は磁場方向にほぼ無限長の鎖状クラスタを形成しており，物理的にまったく妥当な結果である．このように cluster-moving アルゴリズムは微粒子の凝集構造をシミュレートするのに非常に有用であることがわかる．

### 6.1.2 クラスタ解析法

前項ではクラスタの定義として，粒子間距離のみを用いた簡易的な定義法を示した．ここでは，Coverdale ら[3,4]が開発した，より論理的で洗練された方法を示す．粒子位置が規定された粒子数 $N$ なる系を考え，それらの粒子がクラスタを形成しているとする．$i$ 番目のクラスタが $N_i$ 個の粒子から構成されているとすれば，$\sum_i N_i=N$ が成り立つ．この場合，粒子を各クラスタに分配する総数 $W(\{N_i\})$ は次のとおりである．

$$W(\{N_i\})=W(N_1,N_2,\cdots)=N!\Big/\prod_j N_j! \tag{6.1}$$

第 2.2.1 項より，$\{N_i\}$ が与えられた場合の配座エントロピー $S(\{N_i\})$ は次のように書ける．

$$S(\{N_i\}) = k \ln W(\{N_i\}) = k\left(\ln N! - \sum_j \ln N_j!\right) \tag{6.2}$$

ここに，$k$はボルツマン定数である．もし，粒子間力が存在しなければ，熱力学的平衡状態においては，エントロピー$S$を最大にするクラスタの分布，すなわち，すべてが単独で運動する粒子の状態になる．ところが，粒子間力が作用する場合には，各クラスタを構成するエネルギーがクラスタの分布に影響を与えるはずである．

クラスタ$j$は$N_j$個の粒子で構成されるが，このクラスタの構成エネルギー$U_j$は，そのクラスタ内の粒子$k,l$間の相互作用のエネルギーを$u_{kl}$とすれば，

$$U_j = \frac{1}{2}\sum_{k=1}^{N_j}\sum_{l=1}^{N_j} u_{kl} \tag{6.3}$$

したがって，すべてのクラスタについて和を取れば，クラスタ全体のエネルギー$U(\{N_i\})$が得られる．

$$U(\{N_i\}) = \sum_j U_j = \frac{1}{2}\sum_j \sum_{k_j=1}^{N_j}\sum_{l_j=1}^{N_j} u_{k_j l_j} \tag{6.4}$$

もし粒子間相互作用が非常に大きければ，$U$を最小にするクラスタ分布，すなわち，一塊の大きなクラスタが得られるはずである．

以上を考慮すると，次式で定義した$F(\{N_i\})$によって，クラスタの形成状態が決定されると考えるのは妥当なことである．

$$\begin{aligned} F(\{N_i\}) &= U(\{N_i\}) - TS(\{N_i\}) = \sum_j U_j - kT \ln W(\{N_i\}) \\ &= \frac{1}{2}\sum_j \sum_{k_j=1}^{N_j}\sum_{l_j=1}^{N_j} u_{k_j l_j} - kT\left(\ln N! - \sum_j \ln N_j!\right) \end{aligned} \tag{6.5}$$

この$F$はヘルムホルツの自由エネルギーに類似しているが，自由エネルギーそのものでないことは，第1項が系の内部エネルギーでないことから明らかであ

る．熱力学的平衡状態では，式 (6.5) の $F$が最小となる付近のクラスタ分布が実現するはずである．このようにして関数 $F$を用いてクラスタを定義する方法をクラスタ解析法 (cluster analysis method) という．しかしながら，$F$を最小にするクラスタ分布を解析的に求めるのは非常に困難であるので，Metropolis 法が用いられる．なお，$F$の定義には幾分任意性があることを指摘しておく[3,4]．

$\{N_i\}$ なるクラスタ分布が出現する確率 $p(\{N_i\})$ は，次のように書ける．

$$p\left(\{N_i\}\right) = \frac{1}{Q}\exp\left[-\left(\frac{1}{kT}\sum_j U_j - \ln W\left(\{N_i\}\right)\right)\right] \tag{6.6}$$

この出現確率を用いて，Metropolis 法によりクラスタ形成の判定の操作を，粒子の位置や方向に関する通常の Metropolis アルゴリズムに導入して，シミュレーションを進行させる方法が取られる．以下にクラスタ形成の判定に関するアルゴリズムについて説明する．

クラスタ分布が $\{N_i\}$ から，クラスタ $i$ に属する粒子 $l$がクラスタ $j(\neq i)$ に属する粒子に変更になることによって，新しい分布 $\{N_i'\}$ になるとすれば，この場合の推移確率 $p_{i(l)j}$は，次のように書ける．

$$p_{i(l)j} = \exp\left(-\frac{1}{kT}\Delta U + \Delta\{\ln W\}\right) \tag{6.7}$$

ここに，

$$\begin{aligned}\Delta U &= \left(U_j\left(N_j'\right) + U_i\left(N_i'\right)\right) - \left(U_j\left(N_j\right) + U_i\left(N_i\right)\right)\\ &= \left(U_j\left(N_j'\right) - U_j\left(N_j\right)\right) + \left(U_i\left(N_i'\right) - U_i\left(N_i\right)\right)\\ &= \sum_{k=1}^{N_j} u_{k,N_j+1} - \sum_{\substack{k=1\\(k\neq l)}}^{N_i} u_{kl}\end{aligned} \tag{6.8}$$

$$\begin{aligned}\Delta\{\ln W\} &= \{\ln W\left(\{N_i'\}\right) - \ln W\left(\{N_i\}\right)\}\\ &= -\left(\ln N_j'! + \ln N_i'!\right) + \left(\ln N_j! + \ln N_i!\right)\\ &= -\left(\ln\left(N_j+1\right)! + \ln\left(N_i-1\right)!\right) + \left(\ln N_j! + \ln N_i!\right)\end{aligned}$$

$$= -\ln(N_j + 1) + \ln N_i \tag{6.9}$$

ただし，式 (6.7) を計算して $p_{i(l)j} > 1$ となる場合は，$p_{i(l)j} = 1$ に置き換える．

この操作の他に，クラスタから粒子を分離する操作も必要である．クラスタ $i$ に属する粒子 $l$が分離して単独の粒子になったとすると，この場合の推移確率 $p_{i(l)}$は，前と同様にして次のように得られる．

$$p_{i(l)} = \exp\left[\frac{1}{kT}\sum_{\substack{k=1 \\ (k\neq l)}}^{N_i} u_{kl} + \ln N_i\right] \tag{6.10}$$

ただし，単独粒子 $l$の構成エネルギー $U_l$は $U_l = 0$ である．

最後にクラスタ解析法によるアルゴリズムの主要部を示すと次のようになる．

1. ランダムに一つの粒子を選び，その粒子を $l$，その粒子が属するクラスタを $i$ とする
2. ランダムに一つのクラスタを選び，それをクラスタ $j$とする
3. もし，$j = i$ ならば，ステップ 5 へ進む
4. 異なるクラスタへの粒子の所属変更：
   - 4.1 $\Delta U$と$\Delta\{\ln W\}$ を計算する
   - 4.2 もし，$\Delta F = \Delta U - kT\Delta\{\ln W\} \leq 0$ ならば，粒子 $l$の所属をクラスタ $j$に変更し，ステップ 1 から繰り返す
   - 4.3 もし，$\Delta F > 0$ ならば，$0 \sim 1$ の範囲に分布する一様乱数列から乱数 $R$を取り出し，
     - 4.3.1 $\exp\{-\Delta F/kT\} > R$のとき，粒子 $l$の所属をクラスタ $j$に変更し，ステップ 1 から繰り返す
     - 4.3.2 $\exp\{-\Delta F/kT\} \leq R$のとき，ステップ 5 へ進む
5. 単独粒子の分離：
   - 5.1 $\Delta U$と$\Delta\{\ln W\}$ を計算する
   - 5.2 もし，$\Delta F = \Delta U - kT\Delta\{\ln W\} \leq 0$ ならば，クラスタ $i$ から粒子 $l$を分離し，ステップ 1 から繰り返す
   - 5.3 もし，$\Delta F > 0$ ならば，$0 \sim 1$ の範囲に分布する一様乱数列から乱数 $R$を取り出し，

5.3.1 $\exp\{-\Delta F/kT\} > R$のとき，クラスタ$i$から粒子$l$を分離し，ステップ1から繰り返す

5.3.2 $\exp\{-\Delta F/kT\} \le R$のとき，粒子を分離せず，ステップ1から繰り返す

以上の操作をクラスタの数が安定状態になるまで繰り返す．通常の粒子移動に上記の操作を加えてシミュレーションを行うが，毎回このクラスタ解析を行うと非常に時間がかかるので，適当な間隔ごとに行うようにする．なお，初期状態としては，すべてが1個の粒子から構成されるクラスタと見なして，シミュレーションを開始する．

## 6.2　改良型モンテカルロ法

第3章で説明したMetropolisのモンテカルロ法では，粒子が移動する際，その粒子を中心とする立方体内の任意の一点に等しい確率で移動させるというものであった．しかしながら，もし力が作用する方向に粒子の移動を試みるならば，その試行は採用される確率が非常に高くなるはずである．このことはシミュレーションの効率が非常によくなり，少ない計算時間で済むことを意味する．このような方向に沿ってMetropolis法の効率を改善するには，決定論的な方法である分子動力学的手法をモンテカルロ・アルゴリズムに組み込むことによって達成できる．

上述の概念によって効率を改善する改良型のモンテカルロ法では，Metropolisの推移確率 (式 (3.20)) を次のように拡張することで表現できる．

$$
\left.
\begin{aligned}
p_{ij} &= \left\{
\begin{array}{ll}
\alpha_{ij} & (\text{for } i \neq j \text{ and } \alpha_{ji}\rho_j \geq \alpha_{ij}\rho_i) \\
\alpha_{ij}\left(\alpha_{ji}\rho_j/\alpha_{ij}\rho_i\right) & (\text{for } i \neq j \text{ and } \alpha_{ji}\rho_j < \alpha_{ij}\rho_i)
\end{array}
\right. \\
p_{ii} &= 1 - \sum_{j(\neq i)} p_{ij} \qquad (\text{for } i = j)
\end{aligned}
\right\}
\tag{6.11}
$$

ここに，$p_{ij}$は微視的状態$i$から微視的状態$j$へ推移する場合の推移確率，$\rho_i$は微視的状態$i$が出現する確率 (正確には確率密度) で，これらは第3.3節で定義し

たとおりである．式 (6.11) の推移確率の場合，式 (3.21) で示した$\alpha_{ij} = \alpha_{ji}$という条件を満足しないように$\alpha_{ij}$を取るが，第 3.3 節で示した条件 (1), (2), (3)$'$を満足することは容易にわかる．したがって，力が作用する方向に集中的にサンプリングするような$\alpha_{ij}$を適当に決めることで，移動の採択率を格段に向上させることが可能となる．このような改良型のモンテカルロ法として，force bias MC 法[6,7]，smart MC 法[8]，cavity-biased MC 法[9]などがあり，他の概念による改良型モンテカルロ法としては，energy-scaled displacement MC 法[10]がある．以下においては，代表的な前 2 者の方法について説明する．ただし，ここでは正準集団を対象とするが，他の統計集団への拡張は容易である．

### 6.2.1 force bias モンテカルロ法

この方法では，対象とする粒子を中心とした一辺が $(2\delta r_{max})$ の立方体の領域 $R$内の，任意の一点に等しい確率で移動させる場合の一定値$\alpha_{ij}$を用いる代わりに，粒子に作用する力の方向に重み付けした次式で表される$\alpha_{ij}$を用いる．着目する粒子を $a$ とすれば，

$$\alpha_{ij} = \begin{cases} \exp\left(\dfrac{1}{kT}\lambda \boldsymbol{f}_a^i \cdot \delta\boldsymbol{r}_a^{ji}\right) \Big/ C & (j \in R) \\ 0 & (j \notin R) \end{cases} \tag{6.12}$$

ただし，$\boldsymbol{f}_a^i$は微視的状態 $i$ での力すなわち移動前における粒子 $a$ に作用する力，$\delta\boldsymbol{r}_a^{ji}$は微視的状態 $i$ から $j$に推移する場合の粒子の移動量すなわち移動前に対する粒子 $a$ の相対位置ベクトルで$\delta\boldsymbol{r}_a^{ji} = \boldsymbol{r}_a^j - \boldsymbol{r}_a^i$，$C$は規格化定数で$\lambda, \boldsymbol{f}_a^i, \delta r_{max}$の関数すなわち $C(\lambda, \boldsymbol{f}_a^i, \delta r_{max})$，$\lambda$は重み付けの程度を表す定数で，もし$\lambda = 0$ ならば通常の Metropolis 法である式 (3.22) に帰着する．規格化定数 $C(\lambda, \boldsymbol{f}_a^i, \delta r_{max})$ は容易に計算できて，次のようになる．

$$C(\lambda, \boldsymbol{f}_a^i, \delta r_{max}) = \int \int_{-\delta r_{max}}^{\delta r_{max}} \int \exp\left(\frac{1}{kT}\lambda \boldsymbol{f}_a^i \cdot \delta\boldsymbol{r}_a^{ji}\right) d\left(\delta x_a^{ji}\right) d\left(\delta y_a^{ji}\right) d\left(\delta z_a^{ji}\right)$$

$$= \frac{8(kT)^3}{\lambda^3} \cdot \frac{\sinh\left(\lambda f^i_{ax} \delta r_{max}/kT\right)}{f^i_{ax}} \times \frac{\sinh\left(\lambda f^i_{ay} \delta r_{max}/kT\right)}{f^i_{ay}} \cdot \frac{\sinh\left(\lambda f^i_{az} \delta r_{max}/kT\right)}{f^i_{az}} \tag{6.13}$$

式 (6.12) の$\alpha_{ij}$を用いて粒子に作用する力の方向に集中的にサンプリングする方法が force bias モンテカルロ法である．

force bias MC アルゴリズムの主要部を示すと次のようになる．

1. 粒子 1 個を選び出し，その粒子を $a$ とする
2. $C(\lambda, \boldsymbol{f}^i_a, \delta r_{max})$ を計算する
3. 粒子 $a$ を確率密度$\alpha_{ij}$に従って移動させ，$\delta \boldsymbol{r}^{ji}_a$を決める
4. $C(\lambda, \boldsymbol{f}^j_a, \delta r_{max})$ を計算する
5. もし，$P^{FB} = \alpha_{ji}\rho_j/\alpha_{ij}\rho_i \geq 1$ ならば，粒子 $a$ の移動を採用し，ステップ 1 から繰り返す
6. もし，$P^{FB} < 1$ ならば，$0 \sim 1$ の一様乱数列から乱数 $R$を取り出し，
   6.1 $P^{FB} > R$のとき，粒子 $a$ の移動を採用し，ステップ 1 から繰り返す
   6.2 $P^{FB} \leq R$のとき，粒子 $a$ の移動を採用せず，状態 $i$ をマルコフ連鎖の推移後の状態と見なして，ステップ 1 から繰り返す

上記ステップ 3 の$\delta \boldsymbol{r}^{ji}_a$を確率密度$\alpha_{ij}$(式 (6.12)) に従ってサンプリングするには，姉妹書の第 2 巻「分子動力学シミュレーション」で示した棄却法を用いればよい．ステップ 5 における $P^{FB}$は，式 (6.12) と (3.23) の$\rho_j/\rho_i$を用いれば次のように書ける．

$$P^{FB} = \frac{\alpha_{ji}\rho_j}{\alpha_{ij}\rho_i} = \exp\left[-\frac{1}{kT}\left\{(U_j - U_i) + \lambda \delta \boldsymbol{r}^{ji}_a \cdot \left(\boldsymbol{f}^i_a + \boldsymbol{f}^j_a\right) + \delta W^{FB}\right\}\right] \tag{6.14}$$

ただし，

$$\delta W^{FB} = -kT \ln\left\{C(\lambda, \boldsymbol{f}^i_a, \delta r_{max}) \big/ C(\lambda, \boldsymbol{f}^j_a, \delta r_{max})\right\} \tag{6.15}$$

もし，$\delta r_{max}$が十分小さければ，式 (6.13) をマクローリン展開して整理し，そ

れを式 (6.15) に代入すれば，次の式が得られる．

$$\delta W^{FB} \simeq \frac{\lambda^2 (\delta r_{max})^2}{6kT} \left\{ \left( \boldsymbol{f}_a^j - \boldsymbol{f}_a^i \right)^2 + 2\boldsymbol{f}_a^i \cdot \left( \boldsymbol{f}_a^j - \boldsymbol{f}_a^i \right) \right\} \tag{6.16}$$

$\lambda$は試行錯誤的に最適値を決めなければならないが，レナード・ジョーンズ系の場合，$\lambda = 0.5$ と取ると良好な結果が得られている[7]．

### 6.2.2 smart モンテカルロ法

smart モンテカルロ法の場合，$\alpha_{ij}$として次の式を採用する．

$$\alpha_{ij} = \frac{1}{(4A\pi)^{3/2}} \exp\left\{ -\frac{1}{4A} \left( \delta \boldsymbol{r}_a^{ji} - A\boldsymbol{f}_a^i / kT \right)^2 \right\} \tag{6.17}$$

ここに，$A$ はこの分布を特徴づける定数であり，他の記号は式 (6.12) の場合と同様の意味である．

smart モンテカルロ法の場合，force bias モンテカルロ法とは異なり，粒子の相対移動量が$\pm\delta r_{max}$という制限はなく，$-\infty < \delta x_a^{ji} < \infty$ ($y, z$成分も同様) の値を取り得る．

式 (6.17) の確率密度関数に従って$\delta \boldsymbol{r}_a^{ji}$を決めるということは，

$$\rho \left( \delta \boldsymbol{r}_a^G \right) = (4A\pi)^{-3/2} \exp\left\{ - \left( \delta \boldsymbol{r}_a^G \right)^2 \Big/ 4A \right\} \tag{6.18}$$

なる正規分布に従って$\delta \boldsymbol{r}_a^G$を決め，この値を用いて次式から$\delta \boldsymbol{r}_a^{ji}$を求めるのと等価である．

$$\delta \boldsymbol{r}_a^{ji} = A\boldsymbol{f}_a^i \big/ kT + \delta \boldsymbol{r}_a^G \tag{6.19}$$

この式はブラウン動力学のランジュバン方程式に類似するので，smart モンテカルロ法はブラウン動力学的に粒子の位置を変更する方法と言うことができる．なお，式 (6.18) から $\langle (\delta x_a^G)^2 \rangle = 2A$ ($y, z$成分も同様) なる関係があることがわかる．

smart MC アルゴリズムの主要部を示すと次のようになる．

1. 粒子1個を選び出し，その粒子を $a$ とする
2. $\delta \boldsymbol{r}_a^G$を正規分布$\rho(\delta \boldsymbol{r}_a^G)$ からサンプリングする
3. $\delta \boldsymbol{r}_a^{ji}$を計算する
4. もし，$P^{SMC} = \alpha_{ji}\rho_j/\alpha_{ij}\rho_i \geq 1$ ならば，粒子 $a$ の移動を採用し，ステップ1から繰り返す
5. もし，$P^{SMC} < 1$ ならば，$0 \sim 1$ の一様乱数列から乱数 $R$を取り出し，
   - 5.1 $P^{SMC} > R$のとき，粒子 $a$ の移動を採用し，ステップ1から繰り返す
   - 5.2 $P^{SMC} \leq R$のとき，粒子 $a$ の移動を採用せず，状態 $i$ をマルコフ連鎖の推移後の状態と見なして，ステップ1から繰り返す

上記ステップ2における$\delta \boldsymbol{r}_a^G$を正規分布に従ってサンプリングする方法は，姉妹書の第2巻「分子動力学シミュレーション」に示してある．また，ステップ4で必要な $P^{SMC}$は次のように書ける．

$$
\begin{aligned}
P^{SMC} &= \frac{\alpha_{ji}\rho_j}{\alpha_{ij}\rho_i} \\
&= \exp\left[-\frac{1}{kT}\left\{(U_j - U_i) + \frac{1}{2}\delta \boldsymbol{r}_a^{ji} \cdot \left(\boldsymbol{f}_a^i + \boldsymbol{f}_a^j\right) + \delta W^{SMC}\right\}\right]
\end{aligned}
\tag{6.20}
$$

ただし，

$$
\delta W^{SMC} = \frac{A}{4kT}\left\{\left(\boldsymbol{f}_a^j - \boldsymbol{f}_a^i\right)^2 + 2\boldsymbol{f}_a^i \cdot \left(\boldsymbol{f}_a^j - \boldsymbol{f}_a^i\right)\right\} \tag{6.21}
$$

式(6.14)と(6.20)との比較，および(6.16)と(6.21)との比較から，$\delta r_{max}$を十分小さく取り，さらに，$\lambda = 1/2$ および $A = (\delta r_{max})^2/6$ とおけば，force bias モンテカルロ法と smart モンテカルロ法は実質上等しくなることがわかる．

## 文　　献

1) A. Satoh and S. Kamiyama, "Analysis of Particles' Aggregation Phenomena in Magnetic Fluids (Consideration of Hydrophobic Bonds)", in Continuum Mechanics and Its Applications, pp.731-739, Hemisphere Publishers (1989).

2) 佐藤　明, “微粒子の凝集構造捕獲のための計算機シミュレーション法 (cluster-moving Monte Carlo アルゴリズム)”, 日本機械学会論文集 (B 編), 57(1991), 2690.
3) G.N. Coverdale, et al. “A 3–D Simulation of a Particulate Dispersion”, J. Magnet. Magnet. Mater., 120(1993), 210.
4) G.N. Coverdale, et al. “A Computer Simulation of the Microstructure of a Particulate Dispersion”, J. Appl. Phys., 75(1994), 5574.
5) 神山新一, “磁性流体入門”, 産業図書 (1989).
6) C.Pangali, et al., “On a Novel Monte Carlo Scheme for simulating Water and Aqueous Solutions”, Chem. Phys. Lett., 55(1978), 413.
7) M. Rao and B.J. Berne, “On the Force Bias Monte Carlo Simulation of Simple Liquids”, J. Chem. Phys., 71(1979), 129.
8) P.J.Rossky, et al., “Brownian Dynamics as Smart Monte Carlo Simulation”, J. Chem. Phys., 69(1978), 4628.
9) M. Mezei, “A Cavity-Biased (TV$\mu$) Monte Carlo Method for the Computer Simulation of Fluids”, Molec. Phys., 40(1980), 901.
10) S. Goldman, “A Simple New Way to help Speed up Monte Carlo Convergence Rates: Energy-Scaled Displacement Monte Carlo”, J. Chem. Phys., 79(1983),3938.

# A1
# ディラックのデルタ関数とフーリエ積分

ディラック (Dirac) のデルタ関数$\delta$は通常次式で定義される．

$$\left.\begin{aligned}\int_{-\infty}^{\infty}\delta(x-a)\Phi(x)dx=\Phi(a)\\ \int_{-\infty}^{\infty}\delta(x)dx=1\end{aligned}\right\}\tag{A1.1}$$

ここに，$\Phi(x)$ は $x=a$ で連続な任意の関数である．このように，ディラックのデルタ関数は被積分関数の一つの因子であるときにのみ意味を持ち，単独としては意味を有さない特徴を有している．この関数の特徴は次のように考えると理解しやすい．図 A1.1 に示すような矩形関数$\Delta(x)$ を考えると，$\Delta(x)$ は次の

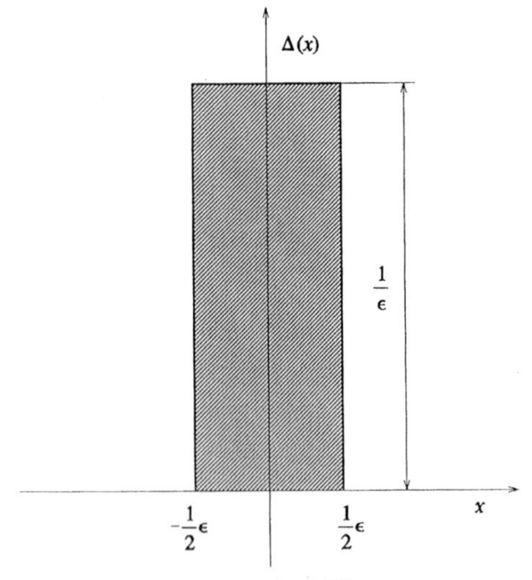


図 **A1.1**　矩形関数

ように定義できる．

$$\Delta(x)=\begin{cases}\dfrac{1}{\varepsilon} & (-\varepsilon/2\le x\le\varepsilon/2)\\ 0 & (x<-\varepsilon/2, x>\varepsilon/2)\end{cases} \tag{A1.2}$$

この矩形関数は原点で左右対称の偶関数で，その面積は1である．ここで$\varepsilon\to 0$なる極限を取ると，式(A1.1)を満足するディラックのデルタ関数が得られる．

もし，3次元系を対象とするならば，式(A1.1)は，

$$\left.\begin{aligned}\int_{-\infty}^{\infty}\delta(\boldsymbol{r}-\boldsymbol{a})\Phi(\boldsymbol{r})d\boldsymbol{r}=\Phi(\boldsymbol{a})\\ \int_{-\infty}^{\infty}\delta(\boldsymbol{r})d\boldsymbol{r}=1\end{aligned}\right\} \tag{A1.3}$$

と書き換えることができ，3次元のディラックのデルタ関数$\delta(\boldsymbol{r})$は$\delta(x)\delta(y)\delta(z)$に等しくなる．ディラックのデルタ関数は次に示すフーリエ積分の形でも表すことができる．

まず，フーリエ変換の定義式を示す．ある関数$f(x)$のフーリエ変換$F(k)$は次式で定義される．

$$F(k)=\frac{1}{(2\pi)^{1/2}}\int_{-\infty}^{\infty}f(x)e^{-ikx}dx \tag{A1.4}$$

ここで，$f(x)$が$(-\infty,\infty)$で定義されていて，$f(x)$と$df(x)/dx$が区分的に連続であり，しかも，

$$\int_{-\infty}^{\infty}|f(x)|dx$$

が有限確定ならば，次式が成り立つ(数学的に厳密な議論はフーリエ変換・フーリエ積分の一般的な参考書を参照のこと)．

$$f(x)=\frac{1}{(2\pi)^{1/2}}\int_{-\infty}^{\infty}F(k)e^{ikx}dk \tag{A1.5}$$

式(A1.5)を$f(x)$のフーリエ積分と呼ぶ．もし，$f$が$\boldsymbol{r}=(x,y,z)$の関数ならば，式(A1.4)と(A1.5)はそれぞれ次のようになる．

$$F(\boldsymbol{k})=\frac{1}{(2\pi)^{3/2}}\int_{-\infty}^{\infty}f(\boldsymbol{r})e^{-i\boldsymbol{k}\cdot\boldsymbol{r}}d\boldsymbol{r} \tag{A1.6}$$

$$f(\boldsymbol{r}) = \frac{1}{(2\pi)^{3/2}} \int_{-\infty}^{\infty} F(\boldsymbol{k}) e^{i\boldsymbol{k}\cdot\boldsymbol{r}} d\boldsymbol{k} \tag{A1.7}$$

さて，ディラックのデルタ関数$\delta(\boldsymbol{r})$ のフーリエ変換$\hat{\delta}(\boldsymbol{k})$ を式 (A1.6) に従って求めると，

$$\hat{\delta}(\boldsymbol{k}) = \frac{1}{(2\pi)^{3/2}} \int_{-\infty}^{\infty} \delta(\boldsymbol{r}) e^{-i\boldsymbol{k}\cdot\boldsymbol{r}} d\boldsymbol{r} = \frac{1}{(2\pi)^{3/2}} \tag{A1.8}$$

ゆえに，式 (A1.7) による形式的な変換式を求めると，

$$\delta(\boldsymbol{r}) = \frac{1}{(2\pi)^{3/2}} \int_{-\infty}^{\infty} \frac{1}{(2\pi)^{3/2}} e^{i\boldsymbol{k}\cdot\boldsymbol{r}} d\boldsymbol{k} = \frac{1}{(2\pi)^{3}} \int_{-\infty}^{\infty} e^{i\boldsymbol{k}\cdot\boldsymbol{r}} d\boldsymbol{k} \tag{A1.9}$$

これがディラックのデルタ関数の積分表示による定義式である．

# A2

## マクスウェル分布

熱力学的平衡状態にある系の粒子の速度がどのような分布になっているかを考える．いま平衡状態にある $(N, V, T)$ 一定の系を考える．ハミルトニアン $H(\boldsymbol{r}, \boldsymbol{p})$ が式 (2.8) のように書けるとき，ある任意の粒子 $i$ に着目すれば，その粒子の運動量が $\boldsymbol{p}_i \sim (\boldsymbol{p}_i + d\boldsymbol{p}_i)$ の範囲内の値を有する確率を $\rho_p(\boldsymbol{p}_i)d\boldsymbol{p}_i$ とおけば，式 (2.14) より，

$$\begin{aligned}\rho_p(\boldsymbol{p}_i) &= \int \cdots \int \rho(\boldsymbol{r}, \boldsymbol{p}) d\boldsymbol{r} d\boldsymbol{p}_1 \cdots d\boldsymbol{p}_{i-1} d\boldsymbol{p}_{i+1} \cdots d\boldsymbol{p}_N \\ &= \frac{\exp\left(-\dfrac{p_{ix}^2 + p_{iy}^2 + p_{iz}^2}{2mkT}\right)}{\displaystyle\int_{-\infty}^{\infty}\int_{-\infty}^{\infty}\int_{-\infty}^{\infty} \exp\left\{-\frac{p_{ix}^2 + p_{iy}^2 + p_{iz}^2}{2mkT}\right\} dp_{ix} dp_{iy} dp_{iz}} \\ &= \frac{1}{(2\pi mkT)^{3/2}} \exp\left(-\frac{p_{ix}^2 + p_{iy}^2 + p_{iz}^2}{2mkT}\right) \end{aligned} \tag{A2.1}$$

したがって，速度が $\boldsymbol{v}_i \sim (\boldsymbol{v}_i + d\boldsymbol{v}_i)$ の範囲内の値を有する粒子の確率を $f(\boldsymbol{v}_i)d\boldsymbol{v}_i$ とすれば，$f(\boldsymbol{v}_i) = m^3 \rho_p(\boldsymbol{p}_i)$ より，

$$f(\boldsymbol{v}_i) = \left(\frac{m}{2\pi kT}\right)^{3/2} \exp\left\{-\frac{m}{2kT}\left(v_{ix}^2 + v_{iy}^2 + v_{iz}^2\right)\right\} \tag{A2.2}$$

この速度分布 $f$ をマクスウェル分布 (Maxwellian distribution, Maxwell's velocity distribution) という．なお，マクスウェル分布は気体運動論からも導出できることを指摘しておく[1)]．このように平衡状態にある系の分子の速度はマクスウェル分布に従った分布となっている．

式 (A2.2) は速度成分に関する分布関数であるが，この式を用いて速度の大きさ $v_i$の分布を求めることができる．$v_{ix}=v_i\sin\theta\cos\phi$，$v_{iy}=v_i\sin\theta\sin\phi$，$v_{iz}=v_i\cos\theta$とおいて変数変換すると，

$$f(\boldsymbol{v}_i)d\boldsymbol{v}_i=\left(\frac{m}{2\pi kT}\right)^{3/2}v_i^2\exp\left(-\frac{m}{2kT}v_i^2\right)\sin\theta d\phi d\theta dv_i \tag{A2.3}$$

ゆえに，粒子の速度の大きさが $v_i\sim(v_i+dv_i)$ の範囲内にある確率を$\chi(v_i)dv_i$とすれば，

$$\begin{aligned}\chi(v_i)&=\left(\frac{m}{2\pi kT}\right)^{3/2}\int_0^{\pi}\int_0^{2\pi}v_i^2\exp\left(-\frac{m}{2kT}v_i^2\right)\sin\theta d\phi d\theta\\&=4\pi\left(\frac{m}{2\pi kT}\right)^{3/2}v_i^2\exp\left(-\frac{m}{2kT}v_i^2\right)\end{aligned} \tag{A2.4}$$

となる．$\chi$の最大値を与える速度の大きさ $v_{mp}=(2kT/m)^{1/2}$を最確熱速度 (most probable thermal speed) と呼ぶ．

もし,$(N,V,E)$ 一定の孤立系を対象とする場合，温度 $T$の代わりに集団平均した値 $\langle T\rangle$ を用いることで，そのまま適用できる．

## 文　　献

1) G.A.Bird, "Molecular Gas Dynamics", Chap.3, Clarendon Press, Oxford (1976).

# A3

# ビリアル状態方程式

ビリアル状態方程式 (virial equation of state) は通常，粒子間および粒子と容器壁との相互作用を考慮することで導出できるが，分子シミュレーションの場合，第 4.2 節で示したような境界条件を用いるので，容器壁は存在しない．したがって，ここでは通常とは異なる別の方法でこの方程式を導出する[1)]．

いま，粒子数が $N$，体積が $V$(一辺が $L$ の立方体) なる熱力学的平衡状態にある系を考える．図 A3.1 に示すような $x$ 軸に垂直に取った任意の検査面を考

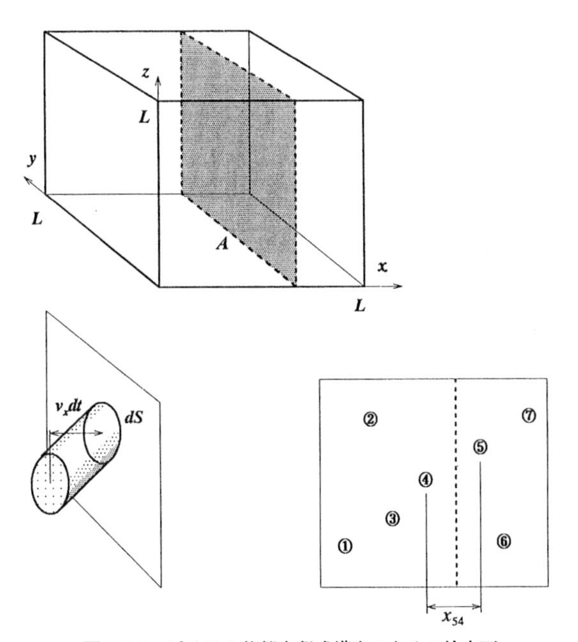


**図 A3.1**　ビリアル状態方程式導出のための検査面

えると，圧力は検査面に垂直に作用する単位面積当たりの力として定義される．図 A3.1 の場合，検査面の右側部を固体のように考えて，検査面左側の粒子によって引き起こされる，固体の左側面を圧縮する単位面積当たりの力，と考えればわかりやすい．したがって，図 A3.1 の場合，圧力は $x$ 方向の向きを正の方向として通常は定義される．圧力は運動量輸送および粒子間力に起因して発生する．まず最初に，運動量輸送による圧力 $P_K$ を導出し，それから粒子間力による圧力 $P_U$ を導出する．

検査面の左側にいる粒子 $i$ に着目し，この粒子が微小時間後に検査面を横切り，右側の領域の粒子と衝突して，また検査面を横切って左側の領域に戻ったとする．この場合の運動量の変化を微小時間で除せば，粒子 $i$ が検査面に作用した力がわかる．しかしながら，系が平衡状態にあるならば，わざわざ個々の粒子の運動を問題にする必要はなく，統計的に処理することができる．すなわち，ある微小時間に検査面に流入する粒子の運動量と流出する運動量を別々に評価することで，検査面に作用する力が計算できる．

図 A3.1 に示すように，粒子が速度 $\boldsymbol{v} = (v_x, v_y, v_z)$ を有して時間 $dt$ の間に微小検査面 $dS$ を横切るとすると，粒子がそのような速度を有する確率はマクスウェル分布 (A2.2) を用いて $f(\boldsymbol{v})d\boldsymbol{v}$ で表すことができ，また，そのような速度を有して微小検査面を横切る粒子数は，平均的に考えれば，図 A3.1 の傾斜円柱の体積 $v_x dtdS$ と粒子一個の占める体積 $V/N$ の比で表せる．したがって，速度 $\boldsymbol{v}$ を有して単位面積単位時間当たりに (左側から) 検査面に流入する運動量の $x$ 方向成分 $p_{in}^x$ は，

$$p_{in}^x = \left\{ \frac{v_x dtdS}{V/N} \cdot f(\boldsymbol{v})d\boldsymbol{v} \cdot mv_x \right\} \Big/ (dtdS) = m\frac{N}{V}v_x^2 f(\boldsymbol{v})d\boldsymbol{v} \qquad \text{(A3.1)}$$

と表せる．この式を速度に関して積分すれば，

$$\begin{aligned} \sigma_{in}^x &= \int_{-\infty}^{\infty}\int_{-\infty}^{\infty}\int_{0}^{\infty} p_{in}^x dv_x dv_y dv_z \\ &= m\frac{N}{V}\int_{-\infty}^{\infty}\int_{-\infty}^{\infty}\int_{0}^{\infty} v_x^2 f(\boldsymbol{v})d\boldsymbol{v} \qquad \text{(A3.2)} \end{aligned}$$

となり，$\sigma_{in}^x$ は単位面積単位時間当たりに流入する $x$ 方向の運動量である．同様

にして，検査面から左側へ流出する $x$ 方向の運動量は$\sigma_{out}^x$は，

$$\sigma_{out}^x = m\frac{N}{V}\int_{-\infty}^{\infty}\int_{-\infty}^{\infty}\int_{-\infty}^{0} v_x^2 f(\boldsymbol{v})d\boldsymbol{v} \qquad \text{(A3.3)}$$

したがって，$\sigma_{in}^x$と$\sigma_{out}^x$のどちらも正になるように取ってあることを注意すれば，圧力 $P_K^x$は次のように得られる．

$$P_K^x = \sigma_{in}^x + \sigma_{out}^x = m\frac{N}{V}\int_{-\infty}^{\infty}\int_{-\infty}^{\infty}\int_{-\infty}^{\infty} v_x^2 f(\boldsymbol{v})d\boldsymbol{v} = m\frac{N}{V}\left\langle v_x^2\right\rangle \qquad \text{(A3.4)}$$

通常，圧力は $P_K^x$，$P_K^y$，$P_K^z$の算術平均として定義されるので，この平均値を$P_K$と書けば，

$$P_K = \frac{1}{3}\left(P_K^x + P_K^y + P_K^z\right) = \frac{2N}{3V}\left\langle\frac{m\left(v_x^2+v_y^2+v_z^2\right)}{2}\right\rangle = \frac{N}{V}kT \qquad \text{(A3.5)}$$

ここに最後の式は，式 (A2.2) を用いて直接平均することで得られた．

次に，粒子間力に起因する圧力 $P_U$を求める．いま，図 A3.1 のように検査面が粒子 4 と 5 の間にあるとする．ただし，粒子はその位置の $x$ 座標が小さいほど若い番号が着くように番号づけしている．2 体力近似を用いれば，検査面をまたいで相互作用する粒子間の力のみが圧力に寄与する．したがって，図 A3.1 の場合，粒子 1 と 4 の間で働く力は圧力に寄与しない．粒子 $i$ に作用する粒子 $j$の力の $x$ 方向成分を $f_{ij}^x$とすれば，図 A3.1 の場合の検査面に作用する力の $x$ 方向成分は，

$$-\sum_{i=1}^{4}\sum_{j=5}^{N} f_{ij}^x \qquad \text{(A3.6)}$$

となる．この力は $x_4 \sim x_5$の座標間で一定である．検査面を任意の位置に設定し，それらの各位置に対する値を算術平均して検査面に作用する単位面積当たりの力の $x$ 方向成分$\tau^x$を算出すれば，次のようになる．

$$\tau^x = -\left\{\left(\frac{x_{21}}{L}\sum_{j=2}^{N} f_{1j}^x\right) + \left(\frac{x_{32}}{L}\sum_{i=1}^{2}\sum_{j=3}^{N} f_{ij}^x\right) + \cdots + \left(\frac{x_{N,N-1}}{L}\sum_{i=1}^{N-1} f_{i,N}^x\right)\right\}\Bigg/ L^2 \qquad \text{(A3.7)}$$

ここに，$x_{ij}=x_i-x_j$である．ゆえに，右辺を整理すれば，

$$\begin{aligned}\tau^x V &= -\left[x_{21}(f_{12}^x+f_{13}^x+\cdots+f_{1N}^x)\right.\\ &\quad +x_{32}(f_{13}^x+f_{14}^x+\cdots+f_{1N}^x+f_{23}^x+f_{24}^x+\cdots+f_{2N}^x)+\cdots\\ &\quad \left.+x_{N,N-1}(f_{1N}^x+f_{2N}^x+\cdots+f_{N-1,N}^x)\right]\\ &= \{x_{12}f_{12}^x+(x_{12}+x_{23})f_{13}^x+\cdots\\ &\quad +(x_{12}+x_{23}+\cdots+x_{N-1,N})f_{1N}^x\}+\{x_{23}f_{23}^x+(x_{23}+x_{34})f_{24}^x\\ &\quad +\cdots+(x_{23}+x_{34}+\cdots+x_{N-1,N})f_{2N}^x\}+\cdots\\ &= (x_{12}f_{12}^x+x_{13}f_{13}^x+\cdots+x_{1N}f_{1N}^x)\\ &\quad +(x_{23}f_{23}^x+x_{24}f_{24}^x+\cdots+x_{2N}f_{2N}^x)+\cdots\\ &= \sum_{i=1}^{N-1}\sum_{j=i+1}^{N} x_{ij}f_{ij}^x = \sum_{i=1}^{N}\sum_{\substack{j=1\\(i<j)}}^{N} x_{ij}f_{ij}^x \end{aligned} \tag{A3.8}$$

よって，$\tau^x$，$\tau^y$，$\tau^z$の集団平均の算術平均として$P^U$を求めれば，

$$\begin{aligned}P_U &= \frac{1}{3}\langle\tau^x+\tau^y+\tau^z\rangle\\ &= \frac{1}{3V}\left\langle\sum_{i}\sum_{\substack{j\\(i<j)}}(x_{ij}f_{ij}^x+y_{ij}f_{ij}^y+z_{ij}f_{ij}^z)\right\rangle\\ &= \frac{1}{3V}\left\langle\sum_{i}\sum_{\substack{j\\(i<j)}}\boldsymbol{r}_{ij}\cdot\boldsymbol{f}_{ij}\right\rangle \end{aligned} \tag{A3.9}$$

以上より，圧力$P$は式(A3.5)と(A3.9)の和として次のように表される．

$$P=\frac{N}{V}kT+\frac{1}{3V}\left\langle\sum_{i}\sum_{\substack{j\\(i<j)}}\boldsymbol{r}_{ij}\cdot\boldsymbol{f}_{ij}\right\rangle \tag{A3.10}$$

この式をビリアル状態方程式という．

なお，

$$W=\frac{1}{3}\sum_{i}\sum_{\substack{j\\(i<j)}}\boldsymbol{r}_{ij}\cdot\boldsymbol{f}_{ij} \tag{A3.11}$$

とおけば，この $W$ を内部ビリアル (internal virial) という．この式は，

$$
\begin{aligned}
\sum_i \boldsymbol{r}_i \cdot \boldsymbol{f}_i &= \sum_i \sum_{\substack{j \\ (i \neq j)}} \boldsymbol{r}_i \cdot \boldsymbol{f}_{ij} \\
&= \frac{1}{2} \sum_i \sum_{\substack{j \\ (i \neq j)}} (\boldsymbol{r}_i \cdot \boldsymbol{f}_{ij} + \boldsymbol{r}_j \cdot \boldsymbol{f}_{ji}) = \frac{1}{2} \sum_i \sum_{\substack{j \\ (i \neq j)}} (\boldsymbol{r}_i \cdot \boldsymbol{f}_{ij} - \boldsymbol{r}_j \cdot \boldsymbol{f}_{ij}) \\
&= \frac{1}{2} \sum_i \sum_{\substack{j \\ (i \neq j)}} \boldsymbol{r}_{ij} \cdot \boldsymbol{f}_{ij} = \sum_i \sum_{\substack{j \\ (i < j)}} \boldsymbol{r}_{ij} \cdot \boldsymbol{f}_{ij} \qquad \text{(A3.12)}
\end{aligned}
$$

を考慮すると，次式のようにも書ける．

$$
W = \frac{1}{3} \sum_i \boldsymbol{r}_i \cdot \boldsymbol{f}_i \qquad \text{(A3.13)}
$$

## 文　　献

1) J. M. Haile, "Molecular Dynamics Simulation: Elementary Methods", pp.332-339, John Wiley & Sons, New York (1992).

# A4

## レナード・ジョーンズ分子

分子間ポテンシャルとして現在まで種々のモデル化されたポテンシャルが提案されているが，Arのような単原子分子や球状に近い分子のポテンシャル・モデルとして，レナード・ジョーンズ (Lennard-Jones)12-6 ポテンシャルが非常に有名である．2分子間の距離を$r$とすれば，レナード・ジョーンズ ポテンシャル $u(r)$ は次式で表される．

$$u(r) = 4\epsilon \left\{ \left(\frac{\sigma}{r}\right)^{12} - \left(\frac{\sigma}{r}\right)^{6} \right\} \tag{A4.1}$$

ここに，$\varepsilon$と$\sigma$は定数で，$\varepsilon$はポテンシャル曲線の井戸の深さ，$\sigma$はポテンシャル・エネルギーがゼロになる分子間距離 (実質的な分子直径) である．理解しやすいように，ポテンシャル曲線の作図結果を図 A4.1 に示す．このポテンシャルは，$(\sigma/r)^{12}$の項に起因する鋭い斥力項と $(\sigma/r)^{6}$の項に起因する引力項から形成されることがわかる．レナード・ジョーンズ ポテンシャルはArに関しては実験結果と非常によく合うポテンシャルとして知られているが，この場合，$\varepsilon$と$\sigma$は $\varepsilon/k = 119.8$[K]，$\sigma = 3.405 \times 10^{-10}$[m] の値を取る．ただし，$k$はボルツマン定数である．式 (A4.1) を用いて分子 $j$から分子 $i$ に作用する力$\boldsymbol{f}(\boldsymbol{r}_{ij})$ を求めると，次のようになる．

$$\boldsymbol{f}(\boldsymbol{r}_{ij}) = -\frac{\partial u(r_{ij})}{\partial \boldsymbol{r}_{ij}} = 24\epsilon \left\{ 2\left(\frac{\sigma}{r_{ij}}\right)^{12} - \left(\frac{\sigma}{r_{ij}}\right)^{6} \right\} \frac{\boldsymbol{r}_{ij}}{{r_{ij}}^2} \tag{A4.2}$$

ただし，$\boldsymbol{r}_{ij} = \boldsymbol{r}_i - \boldsymbol{r}_j$，$r_{ij} = |\boldsymbol{r}_{ij}|$ である．

レナード・ジョーンズ系の場合，$\sigma$，$\varepsilon$，$m$(分子の質量) を適当に組み合わせて代表値を作り，諸量を無次元化するのが通常である．代表値として，距離を

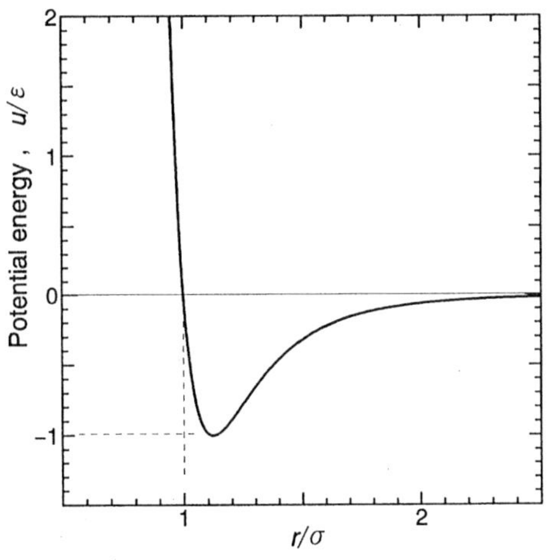


図 **A4.1** レナード・ジョーンズ ポテンシャル

$\sigma$，数密度を $1/\sigma^3$，密度を $m/\sigma^3$，温度を$\varepsilon/k$，エネルギーを$\varepsilon$，力を$\varepsilon/\sigma$，速度を $(\varepsilon/m)^{1/2}$，時間を$\sigma(m/\varepsilon)^{1/2}$，圧力を$\varepsilon/\sigma^3$，比熱を $k/m$，圧縮率を$\sigma^3/\varepsilon$，粘度を $(m\varepsilon)^{1/2}/\sigma^2$，熱伝導率を $(\varepsilon/m)^{1/2}k/\sigma^2$，拡散係数を$\sigma(\varepsilon/m)^{1/2}$，などのように取る．

レナード・ジョーンズ系は非常に取り扱いやすいので，現在まで数多くの計算データが蓄積されている．Ree[1]はシミュレーションで得た従来の結果を整理し，最小 2 乗曲線で近似した次の状態方程式を提案した．

$$P^* = n^*T^* \left\{ 1 + \sum_{i=1}^{4} B_i x^i + B_{10} x^{10} - \sum_{i=1}^{5} \left( \frac{iC_i x^i}{T^{*1/2}} - \frac{D_i x^i}{T^*} \right) \right\} \quad \text{(A4.3)}$$

$$e^* = T^* \left\{ \frac{3}{2} + \sum_{i=1}^{4} \frac{B_i}{4} x^i + \frac{B_{10}}{4} x^{10} - \frac{1}{T^{*1/2}} \sum_{i=1}^{5} \left( \frac{i}{4} + \frac{1}{2} \right) C_i x^i + \frac{1}{T^*} \sum_{i=1}^{5} \left( \frac{1}{4} + \frac{1}{i} \right) D_i x^i \right\} \quad \text{(A4.4)}$$

ここに，$e$ は単位質量当たりの系のエネルギー，$x = n^*/T^{*1/4}$，$*$は上述の代表値で無次元化した無次元量を意味する．また，係数は表 A4.1 に示すとおりである．この近似式は $0.05 \le n^* \le 0.96$ および $0.76 \le T^* \le 2.698$ のデータを基に

表 **A4.1** Reeの式の係数値

| i | $B_i$ | $C_i$ | $D_i$ |
|---|---|---|---|
| 1 | 3.629 | 5.3692 | -3.4921 |
| 2 | 7.2641 | 6.5797 | 18.6980 |
| 3 | 10.4924 | 6.1745 | -35.5049 |
| 4 | 11.459 | -4.2685 | 31.8151 |
| 5 | — | 1.6841 | -11.1953 |
| 10 | 2.17619 | — | — |

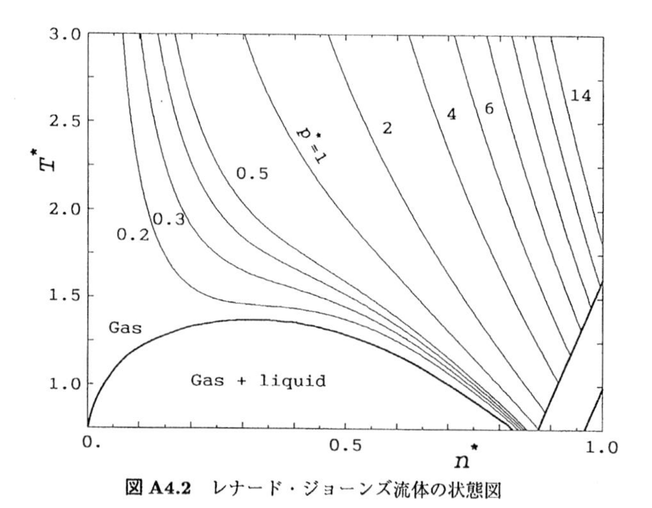


図 **A4.2** レナード・ジョーンズ流体の状態図

作られたものであり，この範囲以外に適用するときには注意を要する．図 A4.2 にレナード・ジョーンズ流体の状態図を示す．図中の圧力一定曲線は式 (A4.3) に基づいて描いたものである．

## 文　　献

1) F. H. Ree, "Analytic Representation of Thermodynamic Data for the Lennard-Jones Fluid", J. Chem. Phys., 73(1980), 5401.

# A5
## 一 様 乱 数

モンテカルロ・シミュレーションは言うに及ばず，分子動力学シミュレーションにおいても，粒子の初期速度の設定や分子と物体との衝突処理において，$(0 \sim 1)$ に一様に分布した一様乱数列が用いられる．通常，計算機が提供する乱数列を用いてもよいが，独自に算術的に生成することもできる．以下においては，代表的な一様乱数列の算術的発生法を示す[1)]．

乱数列はその本来の意味からするとお互いに相関のないまったくランダムな数値の数列と考えられるが，算術的に生成する乱数列はそのような性質をできるだけ満たすように生成した疑似的な乱数列である．したがって，このような算術的に生成された乱数は正式には疑似乱数 (pseudo random number) と呼ばれるが，通常は単に乱数 (random number) と呼んでいる．算術的に生成された乱数列は再現性があるのが大きな特徴であり，いつ生成してもまったく同じ乱数列を得ることができる．以下においては，代表的な算術的方法である乗積合同法 (multiplicative congruential method) について示すが，乱数列の一様性やランダム性などの詳細な議論は適当な参考書[1)]を参照されたい．

乗積合同法は次の算術式によって乱数を発生させる．

$$x_n = \lambda x_{n-1} (\mathrm{mod}\, P) \tag{A5.1}$$

この式の右辺は，$\lambda x_{n-1}$の値を $P$で除算した余りを意味する．ここに，$\lambda$ と $P$は正の整数である．初期値 $x_0$を与えれば，式 (A5.1) に従って乱数列 $(x_1, x_2, \cdots, x_n, \cdots)$ が得られる．$x_n$の取り得る値は $1 \leq x_n \leq P-1$ を満たすので，$P$で割ることで 0 から 1 に分布する一様乱数列が得られる．

以上において，$\lambda$と $P$の値の取り方によって，乱数列の性能，すなわち一様性やランダム性および周期性が決定される．この値の取り方には次のような注意が必要である．乱数列がある周期で繰り返す周期を長くするためには，大きな値の$P$を選ぶ必要がある．もし$P$を$2^m$($m$はある整数)のように選ぶならば，$\lambda$は$\lambda \pmod 8) = 5$または3になるような値を採用する．$x_0$と$P$は互いに素になるような値を選ぶ．このようなことを考慮するとより周期の長い，性能のよい乱数列が得られる．

$\lambda$と$P$の値の多くの例は適当な参考書[1)]に載っているので，そちらを参照されたい．ここでは，$\lambda = 5^{11}$と$P = 2^{31}$と取った場合の計算プログラムの一例を付録A7.2に示してある．ただし，$x_0 = 584287$と取っている．通常，計算機は整数の表現可能な範囲が限定される．例えば，32ビットで正負の整数を合わせて表現する場合，多くの計算機は2の補数による表現法を採用しているので，最上位1ビットを符号に使用するとして，$(-2^{31})$から$(2^{31}-1)$の範囲の整数の表現が可能となる．したがって，通常の計算で式(A5.1)を評価しようとした場合，$\lambda x_{n-1}$は表現可能な最大整数$(2^{31}-1)$より小さな値になるように，$P$や$\lambda$の値を選定しなければならない．ところが，最大整数値を越えた場合の計算機の内部処理に着目すると，このような制限に拘束される必要がなくなる．計算機が2の補数による表現法を採用している場合，$((2^{31}-1)+1)$を計算させると$(-2^{31})$を答えとして返してくる．同様に$((2^{31}-1)+2)$，$((2^{31}-1)+3)$はそれぞれ$(-2^{31}+1)$，$(-2^{31}+2)$を答えとして返してくる．さらに正の整数$a$と$b$を掛けて$a \times b$を計算するとき，$a \times b$が$(2^{31}-1)$を越えた場合には，答えとして返す$c$は理論上の余り$ab \pmod P)$と次のような関係にある．$P = 2^{31}$として，

$$ab \pmod P) = \begin{cases} c & (\text{for}\, c \geq 0) \\ c + P & (\text{for}\, c < 0) \end{cases} \qquad \text{(A5.2)}$$

付録A7.2に示した計算プログラムは以上の方法を用いたものである．

## 文　　献

1)　津田孝夫, “モンテカルロ法とシミュレーション”, 第2章, 培風館 (1977)

# A6

# エワルドの方法による表式の導出

## A6.1　点電荷同士の相互作用

式 (4.21) の導出を行う[1)]．まず図 4.7(b) に示した点電荷 $q_i$ と相殺電荷分布間の相互作用のエネルギー $E_i^{(b)}$ を求める．基本セル内の点電荷のみを対象とした場合，領域内の任意の点 $\boldsymbol{r}$ における電荷分布 $\rho(\boldsymbol{r})$ はディラックのデルタ関数 $\delta(\boldsymbol{r})$ を用いて次のように書ける．

$$\rho(\boldsymbol{r}) = \sum_{j=1}^{N} q_j \delta(\boldsymbol{r} - \boldsymbol{r}_j) \tag{A6.1}$$

基本セルを一辺の長さが $L$ の立方体 (体積 $V$) と考えると，周期境界条件を用いた場合，領域外の分布は各軸方向に対して，式 (A6.1) の分布が周期 $L$ で繰り返す周期関数と考えることができる．したがって，仮想セルを含めた任意の点 $\boldsymbol{r}$ での電荷密度 $\rho(\boldsymbol{r})$ はフーリエ級数を用いて次のように書ける．

$$\rho(\boldsymbol{r}) = \sum_{\boldsymbol{h}} \alpha_{\boldsymbol{h}} e^{i2\pi \boldsymbol{h}\cdot\boldsymbol{r}} \tag{A6.2}$$

ただし，

$$\begin{aligned}\alpha_{\boldsymbol{h}} &= \frac{1}{L^3}\int_V \rho(\boldsymbol{r}) e^{-i2\pi\boldsymbol{h}\cdot\boldsymbol{r}} d\boldsymbol{r} = \frac{1}{L^3}\int_V \sum_{j=1}^{N} q_j \delta(\boldsymbol{r}-\boldsymbol{r}_j) e^{-i2\pi\boldsymbol{h}\cdot\boldsymbol{r}} d\boldsymbol{r} \\ &= \frac{1}{L^3}\sum_{j=1}^{N} q_j e^{-i2\pi\boldsymbol{h}\cdot\boldsymbol{r}_j}\end{aligned} \tag{A6.3}$$

ここに，$\boldsymbol{h} = \boldsymbol{n}/L$ および $\boldsymbol{n} = (n_x, n_y, n_z)$ で，$n_x = 0, \pm 1, \pm 2, \cdots$，$n_y$ と $n_z$ も同様の整数である．

同様にして，図 4.7(b) に示した相殺電荷分布のフーリエ級数を求める．基本セル内の相殺電荷分布による，領域内の任意の点 $\boldsymbol{r}$ における電荷密度 $\rho^{(b)}(\boldsymbol{r})$ は，式 (4.20) に注意して，

$$\rho^{(b)}(\boldsymbol{r}) = \sum_{j=1}^{N} q_j \sigma(\boldsymbol{r} - \boldsymbol{r}_j) = \int \sum_{j=1}^{N} q_j \delta(\boldsymbol{r} - \boldsymbol{r}_j - \boldsymbol{r}'_j)\sigma(\boldsymbol{r}'_j) d\boldsymbol{r}'_j \qquad \text{(A6.4)}$$

前と同様にして，この関数を周期 $L$ の周期関数と見なしてフーリエ級数で表すことにより，仮想セルも含めた任意の点 $\boldsymbol{r}$ での電荷密度 $\rho^{(b)}(\boldsymbol{r})$ を求めると，

$$\rho^{(b)}(\boldsymbol{r}) = \sum_{\boldsymbol{h}(\neq 0)} \gamma_{\boldsymbol{h}} e^{i2\pi \boldsymbol{h}\cdot\boldsymbol{r}} \qquad \text{(A6.5)}$$

ただし，

$$\begin{aligned}
\gamma_{\boldsymbol{h}} &= \frac{1}{L^3} \int_V \left( \int \sum_{j=1}^{N} q_j \delta(\boldsymbol{r} - \boldsymbol{r}_j - \boldsymbol{r}'_j)\sigma(\boldsymbol{r}'_j) d\boldsymbol{r}'_j \right) e^{-i2\pi \boldsymbol{h}\cdot\boldsymbol{r}} d\boldsymbol{r} \\
&= \frac{1}{L^3} \int \sum_{j=1}^{N} q_j \sigma(\boldsymbol{r}'_j) e^{-i2\pi \boldsymbol{h}\cdot(\boldsymbol{r}_j + \boldsymbol{r}'_j)} d\boldsymbol{r}'_j \\
&= \alpha_{\boldsymbol{h}} \int \sigma(\boldsymbol{r}') e^{-i2\pi \boldsymbol{h}\cdot\boldsymbol{r}'} d\boldsymbol{r}' = \alpha_{\boldsymbol{h}} \beta_{\boldsymbol{h}} \qquad \text{(A6.6)}
\end{aligned}$$

ここで，$\beta_{\boldsymbol{h}}$ はベクトル $\boldsymbol{h}$ に沿って $z'$ 軸を取り，指数関数と正弦関数を含んだ関数のラプラス変換の公式を参考にすれば容易に計算でき，次のようになる．

$$\beta_{\boldsymbol{h}} = \exp(-\pi^2 h^2 / \kappa^2) \qquad \text{(A6.7)}$$

式 (A6.5) で $\boldsymbol{h} = 0$ を除くのは中性の条件を考慮したためである．

ゆえに，位置 $\boldsymbol{r}_i$ にある点電荷 $q_i$ と相殺電荷分布間 ($q_i$ 自身の相殺分布を含む) の相互作用のエネルギー $E_i^{(b)\prime}$ は次のように書ける．

$$E_i^{(b)'} = q_i \int \frac{\rho^{(b)}(\boldsymbol{r}_i + \boldsymbol{r}')}{r'} d\boldsymbol{r}'$$

$$= q_i \sum_{\boldsymbol{h}(\neq 0)} \alpha_{\boldsymbol{h}} \beta_{\boldsymbol{h}} \int \frac{e^{i2\pi \boldsymbol{h}\cdot(\boldsymbol{r}_i + \boldsymbol{r}')}}{r'} d\boldsymbol{r}'$$

$$= q_i \sum_{\boldsymbol{h}(\neq 0)} \alpha_{\boldsymbol{h}} \beta_{\boldsymbol{h}} e^{i2\pi \boldsymbol{h}\cdot\boldsymbol{r}_i} \int \frac{e^{i2\pi \boldsymbol{h}\cdot\boldsymbol{r}'}}{r'} d\boldsymbol{r}' \qquad \text{(A6.8)}$$

この式の積分項は，$\boldsymbol{h}$方向から天頂角$\theta$を定義した極座標を用いると容易に解ける．すなわち，

$$\int \frac{e^{i2\pi \boldsymbol{h}\cdot\boldsymbol{r}'}}{r'} d\boldsymbol{r}' = 2\pi \int_0^\infty \int_0^\pi \frac{e^{i2\pi h r' \cos\theta}}{r'} r'^2 \sin\theta d\theta dr' = 1/\pi h^2 \quad \text{(A6.9)}$$

ここに，$\cos(2\pi h r')|_{r'=\infty} = 0$ という事実を用いた[2)]．ゆえに，求める $E_i^{(b)'}$ は次のようになる．

$$E_i^{(b)'} = q_i \sum_{\boldsymbol{h}(\neq 0)} \alpha_{\boldsymbol{h}} \beta_{\boldsymbol{h}} e^{i2\pi \boldsymbol{h}\cdot\boldsymbol{r}_i} \frac{1}{\pi h^2}$$

$$= \frac{1}{\pi L^3} \sum_{\boldsymbol{h}(\neq 0)} \sum_{j=1}^{N} q_i q_j \frac{1}{h^2} \exp(-\pi^2 h^2/\kappa^2) \cos(2\pi \boldsymbol{h}\cdot\boldsymbol{r}_{ij})$$

$$= \frac{1}{\pi L^3} \sum_{\boldsymbol{k}(\neq 0)} \sum_{j=1}^{N} q_i q_j \frac{4\pi^2}{k^2} \exp(-k^2/4\kappa^2) \cos(\boldsymbol{k}\cdot\boldsymbol{r}_{ij}) \quad \text{(A6.10)}$$

ここに，$\boldsymbol{k} = 2\pi\boldsymbol{h}$とおいた．$E_i^{(b)'}$には粒子 $i$ の点電荷とその相殺分布との相互作用も含まれているが，この相互作用のエネルギーを $E_i^{(b)''}$とすれば，

$$E_i^{(b)''} = q_i \int q_i \frac{\sigma(\boldsymbol{r}')}{r'} d\boldsymbol{r}' = 2\kappa q_i^2/\pi^{1/2} \qquad \text{(A6.11)}$$

したがって，求める点電荷 $q_i$と相殺電荷分布間の相互作用のエネルギー $E_i^{(b)}$は，

$$E_i^{(b)} = E_i^{(b)'} - E_i^{(b)''}$$

$$= \frac{1}{\pi L^3} \sum_{\boldsymbol{k}(\neq 0)} \sum_{j=1}^{N} q_i q_j \frac{4\pi^2}{k^2} \exp(-k^2/4\kappa^2) \cos(\boldsymbol{k} \cdot \boldsymbol{r}_{ij})$$
$$- \frac{2\kappa q_i^2}{\pi^{1/2}} \tag{A6.12}$$

次に，図 4.7(a) で示した点電荷 $q_i$ と遮蔽分布で遮蔽された点電荷間の相互作用のエネルギー $E_i^{(a)}$ を考える．これは次のように書ける．

$$E_i^{(a)} = q_i \sum_{j=1}^{N} \sum_{\boldsymbol{n}}{}' q_j \left\{ \frac{1}{|\boldsymbol{r}_j + L\boldsymbol{n} - \boldsymbol{r}_i|} - \int \frac{\sigma(\boldsymbol{r} - \boldsymbol{r}_j - L\boldsymbol{n})}{|\boldsymbol{r} - \boldsymbol{r}_i|} d\boldsymbol{r} \right\}$$
$$= \sum_{j=1}^{N} \sum_{\boldsymbol{n}}{}' q_i q_j \left\{ \frac{1}{|\boldsymbol{r}_{ji} + L\boldsymbol{n}|} - \int \frac{\sigma(\boldsymbol{r}')}{|\boldsymbol{r}_{ji} + L\boldsymbol{n} + \boldsymbol{r}'|} d\boldsymbol{r}' \right\} \tag{A6.13}$$

ここに，和の記号の上付き添字のプライムは $\boldsymbol{n} = 0$ のとき $j = i$ の項を除くことを意味する．右辺の積分はベクトル $-(\boldsymbol{r}_{ji} + L\boldsymbol{n})$ 方向に沿って $z'$ 軸を取り，さらに $z'$ 軸を基準に天頂角 $\theta$ を取った極座標で表せば，

$$\int \frac{\sigma(\boldsymbol{r}')}{|\boldsymbol{r}_{ji} + L\boldsymbol{n} + \boldsymbol{r}'|} d\boldsymbol{r}'$$
$$= 2\pi \int_0^\infty \int_0^\pi \frac{\sigma(\boldsymbol{r}')}{\sqrt{(r' \sin\theta)^2 + (|\boldsymbol{r}_{ji} + L\boldsymbol{n}| - r' \cos\theta)^2}} r'^2 \sin\theta d\theta dr'$$
$$= 2\pi \frac{\kappa^3}{\pi^{3/2}} \int_0^\infty r'^2 \exp(-\kappa^2 r'^2) dr'$$
$$\times \int_0^\pi \frac{\sin\theta}{\sqrt{r'^2 - 2|\boldsymbol{r}_{ji} + L\boldsymbol{n}| r' \cos\theta + |\boldsymbol{r}_{ji} + L\boldsymbol{n}|^2}} d\theta \tag{A6.14}$$

ここで，$\theta$ による積分項は，

$$\int_0^\pi \frac{\sin\theta}{\sqrt{r'^2 - 2lr' \cos\theta + l^2}} d\theta = \int_{-1}^1 \frac{1}{\sqrt{r'^2 + l^2 - 2lr't}} dt$$
$$= \frac{1}{lr'} \left\{ \sqrt{(r' + l)^2} - \sqrt{(r' - l)^2} \right\}$$
$$= \begin{cases} 2/l & (\text{for } r' \leq l) \\ 2/r' & (\text{for } r' > l) \end{cases} \tag{A6.15}$$

ただし，数式の簡素化のために $l = |\boldsymbol{r}_{ji} + L\boldsymbol{n}|$ と置いた．この式を式 (A6.14) に代入すれば，

$$
\begin{aligned}
&2\pi\frac{\kappa^3}{\pi^{3/2}}\left\{\frac{2}{l}\int_0^l r'^2\exp(-\kappa^2 r'^2)dr' + 2\int_l^\infty r'\exp(-\kappa^2 r'^2)dr'\right\} \\
&= 2\pi\frac{\kappa^3}{\pi^{3/2}}\left\{\left(-\frac{1}{\kappa^2}e^{-\kappa^2 l^2} + \frac{1}{l\kappa^2}\int_0^l e^{-\kappa^2 r'^2}dr'\right) + \left(\frac{1}{\kappa^2}e^{-\kappa^2 l^2}\right)\right\} \\
&= \mathrm{erf}(\kappa l)/l = \mathrm{erf}(\kappa|\boldsymbol{r}_{ji} + L\boldsymbol{n}|)/|\boldsymbol{r}_{ji} + L\boldsymbol{n}| \qquad \text{(A6.16)}
\end{aligned}
$$

ここに，誤差関数 $\mathrm{erf}(x)$ は式 (4.22) の補誤差関数を用いて $\mathrm{erf}(x) = 1 - \mathrm{erfc}(x)$ で定義される．ゆえに，式 (A6.13) は次のように書ける．

$$
\begin{aligned}
E_i^{(a)} &= \sum_{j=1}^{N}\sum_{\boldsymbol{n}}{}' q_i q_j\left\{\frac{1}{|\boldsymbol{r}_{ji} + L\boldsymbol{n}|} - \frac{\mathrm{erf}(\kappa|\boldsymbol{r}_{ji} + L\boldsymbol{n}|)}{|\boldsymbol{r}_{ji} + L\boldsymbol{n}|}\right\} \\
&= \sum_{j=1}^{N}\sum_{\boldsymbol{n}}{}' q_i q_j\frac{\mathrm{erfc}(\kappa|\boldsymbol{r}_{ji} + L\boldsymbol{n}|)}{|\boldsymbol{r}_{ji} + L\boldsymbol{n}|} \qquad \text{(A6.17)}
\end{aligned}
$$

したがって，式 (A6.17) と (A6.12) の $E_i^{(a)}$ と $E_i^{(b)}$ を用いて，点電荷 $i$ と仮想粒子を含めた他の点電荷との相互作用のエネルギー $E_i$ は $E_i = E_i^{(a)} + E_i^{(b)}$ として得られる．ゆえに，式 (4.21) の $E$ が，

$$
E = \frac{1}{2}\sum_{i=1}^{N} E_i \qquad \text{(A6.18)}
$$

より得られることになる．

## A6.2 双極子同士の相互作用

電気双極子（磁気双極子）は，大きさの等しい正負の点電荷の対と考えられる．したがって，$N$ 個の電気双極子の系は，$N$ 個の正の点電荷と $N$ 個の負の点電荷からなる系において，対となる正負の点電荷間の距離をゼロに漸近させた極限として得ることができる．

いま，点電荷$Q_i$とその対となる点電荷を$Q_{i+N}$とし，これらを次のように定義する．

$$\left.\begin{aligned} Q_i &= \frac{|\boldsymbol{\mu}_i|}{2\varepsilon} \quad \text{at } \boldsymbol{R}_i = \boldsymbol{r}_i + \varepsilon\hat{\boldsymbol{\mu}}_i \quad (i=1,2,\cdots,N) \\ Q_{i+N} &= -\frac{|\boldsymbol{\mu}_i|}{2\varepsilon} \quad \text{at } \boldsymbol{R}_{i+N} = \boldsymbol{r}_i - \varepsilon\hat{\boldsymbol{\mu}}_i \quad (i=1,2,\cdots,N) \end{aligned}\right\} \tag{A6.19}$$

ここに，$\boldsymbol{R}_i$と$\boldsymbol{R}_{i+N}$は，位置$\boldsymbol{r}_i$に位置する双極子を形成することになる一対の点電荷の位置ベクトルで，その点電荷間の距離を$2\varepsilon$としている．また，$\hat{\boldsymbol{\mu}}_i$は，電気双極子モーメント$\boldsymbol{\mu}_i$の方向を表す単位ベクトルである．これらより，電気双極子モーメント$\boldsymbol{\mu}_i$は，次のように定義される．

$$\boldsymbol{\mu}_i = \lim_{\varepsilon\to 0} 2\varepsilon Q_i \hat{\boldsymbol{\mu}}_i \qquad (i=1,2,\cdots,N) \tag{A6.20}$$

式(A6.19)の定義を用いると，エワルドの方法による$N$個の対の点電荷からなる系（基本セル）の相互作用のエネルギー$\tilde{E}$は，式(4.21)から次のように書ける．

$$\begin{aligned} \tilde{E} = \frac{1}{2}\sum_{i=1}^{2N}\sum_{j=1}^{2N} \Bigg\{ & \sum_{\boldsymbol{n}}{}'' Q_i Q_j \frac{\mathrm{erfc}(\kappa|\boldsymbol{R}_{ji}+L\boldsymbol{n}|)}{|\boldsymbol{R}_{ji}+L\boldsymbol{n}|} \\ & + \frac{1}{\pi L^3}\sum_{\boldsymbol{k}(\neq 0)} Q_i Q_j \frac{4\pi^2}{k^2}\exp\left(-\frac{k^2}{4\kappa^2}\right)\cos(\boldsymbol{k}\cdot\boldsymbol{R}_{ji}) \Bigg\} \\ & - \frac{\kappa}{\pi^{\frac{1}{2}}}\sum_{i=1}^{2N} Q_i^2 - \sum_{i=1}^{N} Q_i \int \frac{Q_{i+N}\sigma(\boldsymbol{r})}{|\boldsymbol{R}_{i+N}+\boldsymbol{r}-\boldsymbol{R}_i|} d\boldsymbol{r} \end{aligned} \tag{A6.21}$$

ここに，$\boldsymbol{n}$の和の記号に付いた2重のプライムの添字は，$\boldsymbol{n}=0$のときは，$j=i$および$j=i\pm N$を除くことを意味する．また，第2項は，点電荷$i$とその対の点電荷$i+N$の相殺分布との相互作用を含んでいるので，第4項は，この相互作用を除くために加えられた補正項である．以下に，式(A6.21)のそれぞれの項を変形して，$\varepsilon\to 0$の極限値を求めやすい形に変形する．

数式の簡素化のために，

$$\alpha_{ij} = \frac{\mathrm{erfc}(\kappa|\boldsymbol{R}_{ji}+L\boldsymbol{n}|)}{|\boldsymbol{R}_{ji}+L\boldsymbol{n}|} \tag{A6.22}$$

と置き，式 (A6.21) の第 1 項を $E^{(1)}$ とすれば，これは次のように書ける．

$$
\begin{aligned}
E^{(1)} &= \frac{1}{2}\sum_{i=1}^{N}\sum_{j=1}^{N}\sum_{\boldsymbol{n}}{}' \{Q_iQ_j\alpha_{ij} + Q_iQ_{j+N}\alpha_{i,j+N} \\
&\quad + Q_{i+N}Q_j\alpha_{i+N,j} + Q_{i+N}Q_{j+N}\alpha_{i+N,j+N}\} \\
&= \frac{1}{2}\sum_{i=1}^{N}\sum_{j=1}^{N}\sum_{\boldsymbol{n}}{}' Q_iQ_j(\alpha_{ij} - \alpha_{i,j+N} - \alpha_{i+N,j} + \alpha_{i+N,j+N})
\end{aligned}
\tag{A6.23}
$$

ここで，式 (A6.19) を用いると，

$$
\begin{aligned}
\frac{1}{|\boldsymbol{R}_{ji} + L\boldsymbol{n}|} &= \frac{1}{|\boldsymbol{r}_{ji} + \varepsilon(\hat{\boldsymbol{\mu}}_j - \hat{\boldsymbol{\mu}}_i) + L\boldsymbol{n}|} \\
&= \frac{1}{\sqrt{a^2 + 2\varepsilon\boldsymbol{a}\cdot(\hat{\boldsymbol{\mu}}_j - \hat{\boldsymbol{\mu}}_i) + \varepsilon^2(\hat{\boldsymbol{\mu}}_j - \hat{\boldsymbol{\mu}}_i)^2}} \\
&= \frac{1}{a}\left\{1 + \frac{2\varepsilon\boldsymbol{a}\cdot(\hat{\boldsymbol{\mu}}_j - \hat{\boldsymbol{\mu}}_i)}{a^2} + \frac{\varepsilon^2(\hat{\boldsymbol{\mu}}_j - \hat{\boldsymbol{\mu}}_i)^2}{a^2}\right\}^{-\frac{1}{2}} \\
&= \frac{1}{a}\left\{1 - \frac{\varepsilon\boldsymbol{a}\cdot(\hat{\boldsymbol{\mu}}_j - \hat{\boldsymbol{\mu}}_i)}{a^2} - \frac{\varepsilon^2(\hat{\boldsymbol{\mu}}_j - \hat{\boldsymbol{\mu}}_i)^2}{2a^2}\right. \\
&\qquad \left. + \frac{3\varepsilon^2\{\boldsymbol{a}\cdot(\hat{\boldsymbol{\mu}}_j - \hat{\boldsymbol{\mu}}_i)\}^2}{2a^4}\right\}
\end{aligned}
\tag{A6.24}
$$

なる近似式が得られる．ただし，$\varepsilon^3$ 以上の高次の項は省略したが，以下に順次示す近似式も同様の高次の項が省略されるものとする．また，数式の簡素化のために $\boldsymbol{a} = \boldsymbol{r}_{ji} + L\boldsymbol{n}$，$a = |\boldsymbol{a}|$ とおいた．同様にして，補誤差関数の近似式は，

$$
\begin{aligned}
\mathrm{erfc}(\kappa|\boldsymbol{R}_{ji} + L\boldsymbol{n}|) &= \mathrm{erfc}(\kappa|\boldsymbol{a} + \varepsilon(\hat{\boldsymbol{\mu}}_j - \hat{\boldsymbol{\mu}}_i)|) \\
&= \mathrm{erfc}\left[\kappa a\left\{1 + \frac{\varepsilon\boldsymbol{a}\cdot(\hat{\boldsymbol{\mu}}_j - \hat{\boldsymbol{\mu}}_i)}{a^2} + \frac{\varepsilon^2(\hat{\boldsymbol{\mu}}_j - \hat{\boldsymbol{\mu}}_i)^2}{2a^2}\right.\right. \\
&\qquad \left.\left. - \frac{\varepsilon^2\left\{\boldsymbol{a}\cdot(\hat{\boldsymbol{\mu}}_j - \hat{\boldsymbol{\mu}}_i)\right\}^2}{2a^4}\right\}\right]
\end{aligned}
\tag{A6.25}
$$

となる．数学の公式集より，誤差関数 $\mathrm{erf}(x)$ は，次のような級数に展開できることがわかるので，

$$\mathrm{erf}(x) = \frac{2}{\pi^{\frac{1}{2}}} \sum_{p=0}^{\infty} \frac{(-1)^p x^{2p+1}}{p!(2p+1)} \tag{A6.26}$$

この式を用いて $\mathrm{erf}(x+\delta x)$ の近似式を求めると，次のようになる．

$$\begin{aligned} \mathrm{erf}(x+\delta x) &= \frac{2}{\pi^{\frac{1}{2}}} \sum_{p=0}^{\infty} \frac{(-1)^p (x+\delta x)^{2p+1}}{p!(2p+1)} \\ &= \frac{2}{\pi^{\frac{1}{2}}} \sum_{p=0}^{\infty} \frac{(-1)^p}{p!(2p+1)} x^{2p+1} \left\{ 1 + (2p+1)\frac{\delta x}{x} \right. \\ &\quad \left. + \frac{(2p+1)2p}{2!}\left(\frac{\delta x}{x}\right)^2 \right\} \\ &= \mathrm{erf}(x) + \frac{2}{\pi^{\frac{1}{2}}} e^{-x^2}\delta x - \frac{2}{\pi^{\frac{1}{2}}} x e^{-x^2} (\delta x)^2 \end{aligned} \tag{A6.27}$$

ゆえに，式 (A6.25) を式 (A6.27) に当てはめれば，

$$\begin{aligned} \mathrm{erfc}(\kappa|\boldsymbol{R}_{ji} + L\boldsymbol{n}|) = \mathrm{erfc}(\kappa a) &- \frac{2}{\pi^{\frac{1}{2}}} e^{-\kappa^2 a^2} \left[ \kappa\varepsilon \frac{\boldsymbol{a}\cdot(\hat{\boldsymbol{\mu}}_j - \hat{\boldsymbol{\mu}}_i)}{a} \right. \\ &\left. + \frac{\kappa\varepsilon^2}{2} \frac{(\hat{\boldsymbol{\mu}}_j - \hat{\boldsymbol{\mu}}_i)^2}{a} - \frac{\kappa\varepsilon^2}{2} \frac{\{\boldsymbol{a}\cdot(\hat{\boldsymbol{\mu}}_j - \hat{\boldsymbol{\mu}}_i)\}^2}{a^3} \right] \\ &+ \frac{2\kappa^3\varepsilon^2}{\pi^{\frac{1}{2}}} e^{-\kappa^2 a^2} \frac{\{\boldsymbol{a}\cdot(\hat{\boldsymbol{\mu}}_j - \hat{\boldsymbol{\mu}}_i)\}^2}{a} \end{aligned} \tag{A6.28}$$

したがって，式 (A6.24) と (A6.28) を用いれば，$\alpha_{ij}$ が次のように得られる．

$$\begin{aligned} \alpha_{ij} &= \frac{\mathrm{erfc}(\kappa|\boldsymbol{R}_{ji} + L\boldsymbol{n}|)}{|\boldsymbol{R}_{ji} + L\boldsymbol{n}|} \\ &= \frac{1}{a}\mathrm{erfc}(\kappa a) - \varepsilon \frac{2\kappa}{\pi^{\frac{1}{2}}} e^{-\kappa^2 a^2} \frac{\boldsymbol{a}\cdot(\hat{\boldsymbol{\mu}}_j - \hat{\boldsymbol{\mu}}_i)}{a^2} \\ &\quad - \varepsilon\mathrm{erfc}(\kappa a)\frac{\boldsymbol{a}\cdot(\hat{\boldsymbol{\mu}}_j - \hat{\boldsymbol{\mu}}_i)}{a^3} - \varepsilon^2 \frac{\kappa}{\pi^{\frac{1}{2}}} e^{-\kappa^2 a^2} \frac{(\hat{\boldsymbol{\mu}}_j - \hat{\boldsymbol{\mu}}_i)^2}{a^2} \\ &\quad - \varepsilon^2 \frac{1}{2}\mathrm{erfc}(\kappa a)\frac{(\hat{\boldsymbol{\mu}}_j - \hat{\boldsymbol{\mu}}_i)^2}{a^3} + \varepsilon^2 \frac{3\kappa}{\pi^{\frac{1}{2}}} e^{-\kappa^2 a^2} \frac{\{\boldsymbol{a}\cdot(\hat{\boldsymbol{\mu}}_j - \hat{\boldsymbol{\mu}}_i)\}^2}{a^4} \end{aligned}$$

$$
+\varepsilon^2 \frac{2\kappa^3}{\pi^{\frac{1}{2}}} e^{-\kappa^2 a^2} \frac{\{\boldsymbol{a}\cdot(\hat{\boldsymbol{\mu}}_j - \hat{\boldsymbol{\mu}}_i)\}^2}{a^2}
+\varepsilon^2 \frac{3}{2}\mathrm{erfc}(\kappa a) \frac{\{\boldsymbol{a}\cdot(\hat{\boldsymbol{\mu}}_j - \hat{\boldsymbol{\mu}}_i)\}^2}{a^5} \tag{A6.29}
$$

この式において $(\hat{\boldsymbol{\mu}}_j, \hat{\boldsymbol{\mu}}_i)$ を $(-\hat{\boldsymbol{\mu}}_j, \hat{\boldsymbol{\mu}}_i), (\hat{\boldsymbol{\mu}}_j, -\hat{\boldsymbol{\mu}}_i), (-\hat{\boldsymbol{\mu}}_j, -\hat{\boldsymbol{\mu}}_i)$ に置き換えれば，それぞれ$\alpha_{i,j+N}, \alpha_{i+N,j}, \alpha_{i+N,j+N}$が得られる．よって，これらの式を式 (A6.23) に代入し整理すれば，次の式が容易に得られる．

$$
E^{(1)} = \frac{1}{2}\sum_{i=1}^{N}\sum_{j=1}^{N}\sum_{\boldsymbol{n}}{}' 4\varepsilon^2 Q_i Q_j [A(|\boldsymbol{r}_{ji}+L\boldsymbol{n}|)(\hat{\boldsymbol{\mu}}_i\cdot\hat{\boldsymbol{\mu}}_j)
-B(|\boldsymbol{r}_{ji}+L\boldsymbol{n}|)\{\hat{\boldsymbol{\mu}}_i\cdot(\boldsymbol{r}_{ji}+L\boldsymbol{n})\}
\times\{\hat{\boldsymbol{\mu}}_j\cdot(\boldsymbol{r}_{ji}+L\boldsymbol{n})\}] \tag{A6.30}
$$

ここに，

$$
\left.
\begin{aligned}
A(r) &= \frac{\mathrm{erfc}(\kappa r)}{r^3} + \left(\frac{2\kappa}{\pi^{\frac{1}{2}}}\right)\frac{\exp(-\kappa^2 r^2)}{r^2} \\
B(r) &= \frac{3\mathrm{erfc}(\kappa r)}{r^5} + \left(\frac{2\kappa}{\pi^{\frac{1}{2}}}\right)\left(2\kappa^2+\frac{3}{r^2}\right)\frac{\exp(-\kappa^2 r^2)}{r^2}
\end{aligned}
\right\} \tag{A6.31}
$$

次に，式 (A6.21) の第 2 項を $E^{(2)}$とし，これを評価するに際して，

$$
\beta_{ij} = \cos(\boldsymbol{k}\cdot\boldsymbol{R}_{ji}) \tag{A6.32}
$$

なる記号を用いると，$E^{(2)}$は次のように書ける．

$$
\begin{aligned}
E^{(2)} &= \frac{1}{2}\sum_{i=1}^{N}\sum_{j=1}^{N}\frac{1}{\pi L^3}\sum_{\boldsymbol{k}(\neq 0)}\frac{4\pi^2}{k^2}\exp\left(-\frac{k^2}{4\kappa^2}\right)(Q_iQ_j\beta_{ij} \\
&\quad +Q_iQ_{j+N}\beta_{i,j+N}+Q_{i+N}Q_j\beta_{i+N,j}+Q_{i+N}Q_{j+N}\beta_{i+N,j+N}) \\
&= \frac{1}{2}\sum_{i=1}^{N}\sum_{j=1}^{N}\frac{1}{\pi L^3}\sum_{\boldsymbol{k}(\neq 0)}\frac{4\pi^2}{k^2}\exp\left(-\frac{k^2}{4\kappa^2}\right)Q_iQ_j(\beta_{ij} \\
&\quad -\beta_{i,j+N}-\beta_{i+N,j}+\beta_{i+N,j+N})
\end{aligned} \tag{A6.33}
$$

さて，式 (A6.19) を用いれば，$\beta_{ij}$は次のように変形できる．

$$\begin{aligned}\beta_{ij} &= \cos\{\boldsymbol{k}\cdot(\boldsymbol{r}_j+\varepsilon\hat{\boldsymbol{\mu}}_j-\boldsymbol{r}_i-\varepsilon\hat{\boldsymbol{\mu}}_i)\} = \cos\{\boldsymbol{k}\cdot\boldsymbol{r}_{ji}+\varepsilon\boldsymbol{k}\cdot(\hat{\boldsymbol{\mu}}_j-\hat{\boldsymbol{\mu}}_i)\} \\ &= \cos(\boldsymbol{k}\cdot\boldsymbol{r}_{ji})\left[1-\frac{\varepsilon^2}{2}\{\boldsymbol{k}\cdot(\hat{\boldsymbol{\mu}}_j-\hat{\boldsymbol{\mu}}_i)\}^2\right]-\sin(\boldsymbol{k}\cdot\boldsymbol{r}_{ji})\{\varepsilon\boldsymbol{k}\cdot(\hat{\boldsymbol{\mu}}_j-\hat{\boldsymbol{\mu}}_i)\}\end{aligned} \tag{A6.34}$$

この式において $(\hat{\boldsymbol{\mu}}_j,\hat{\boldsymbol{\mu}}_i)$ を $(-\hat{\boldsymbol{\mu}}_j,\hat{\boldsymbol{\mu}}_i),(\hat{\boldsymbol{\mu}}_j,-\hat{\boldsymbol{\mu}}_i),(-\hat{\boldsymbol{\mu}}_j,-\hat{\boldsymbol{\mu}}_i)$ に置き換えれば，それぞれ$\beta_{i,j+N},\beta_{i+N,j},\beta_{i+N,j+N}$が得られる．よって，これらの式を式 (A6.33) に代入し整理すれば，次の式が容易に得られる．

$$\begin{aligned}E^{(2)} &= \frac{1}{2}\sum_{i=1}^{N}\sum_{j=1}^{N}\frac{1}{\pi L^3}\sum_{\boldsymbol{k}(\neq 0)}\frac{4\pi^2}{k^2}\exp\left(-\frac{k^2}{4\kappa^2}\right) \\ &\quad \times 4\varepsilon^2 Q_i Q_j(\boldsymbol{k}\cdot\hat{\boldsymbol{\mu}}_i)(\boldsymbol{k}\cdot\hat{\boldsymbol{\mu}}_j)\cos(\boldsymbol{k}\cdot\boldsymbol{r}_{ji})\end{aligned} \tag{A6.35}$$

次に，式 (A6.21) の第 3 項を $E^{(3)}$とすれば，これは次のように変形できる．

$$E^{(3)} = -\frac{\kappa}{\pi^{\frac{1}{2}}}\sum_{i=1}^{N}(Q_i^2+Q_{i+N}^2) = -\frac{2\kappa}{\pi^{\frac{1}{2}}}\sum_{i=1}^{N}Q_i^2 \tag{A6.36}$$

最後に，式 (A6.21) の第 4 項を $E^{(4)}$とすれば，これは式 (A6.19) と (4.20) を用いると次のように書ける．

$$\begin{aligned}E^{(4)} &= -\sum_{i=1}^{N}Q_i\int\frac{-Q_i\sigma(\boldsymbol{r})}{|\boldsymbol{r}_i-\varepsilon\hat{\boldsymbol{\mu}}_i+\boldsymbol{r}-\boldsymbol{r}_i-\varepsilon\hat{\boldsymbol{\mu}}_i|}d\boldsymbol{r} \\ &= \frac{\kappa^3}{\pi^{\frac{3}{2}}}\sum_{i=1}^{N}Q_i^2\int\frac{e^{-\kappa^2 r^2}}{|\boldsymbol{r}-2\varepsilon\hat{\boldsymbol{\mu}}_i|}d\boldsymbol{r}\end{aligned} \tag{A6.37}$$

式 (A6.24) と同様の変形をすれば，

$$\frac{1}{|\boldsymbol{r}-2\varepsilon\hat{\boldsymbol{\mu}}_i|} = \frac{1}{r}+\frac{2\varepsilon(\boldsymbol{r}\cdot\hat{\boldsymbol{\mu}}_i)}{r^3}-\frac{2\varepsilon^2}{r^3}+\frac{6\varepsilon^2(\boldsymbol{r}\cdot\hat{\boldsymbol{\mu}}_i)^2}{r^5} \tag{A6.38}$$

これらを式 (A6.37) に代入して積分を実行すれば，容易に次式を得る．

$$E^{(4)} = \frac{\kappa^3}{\pi^{\frac{3}{2}}}\sum_{i=1}^{N}Q_i^2\frac{2\pi}{\kappa^2} = \frac{2\kappa}{\pi^{\frac{1}{2}}}\sum_{i=1}^{N}Q_i^2 \tag{A6.39}$$

式 (A6.38) の右辺第 3 項と第 4 項の積分値は相殺するので，$E^{(4)}$には寄与しない．したがって，結局，式 (A6.21) は次式に帰着する．

$$\begin{aligned}\tilde{E} &= E^{(1)} + E^{(2)} + E^{(3)} + E^{(4)} = E^{(1)} + E^{(2)} \\ &= \frac{1}{2}\sum_{i=1}^{N}\sum_{j=1}^{N}\Bigg[\sum_{\boldsymbol{n}}{}' 4\varepsilon^2 Q_i Q_j \{A(|\boldsymbol{r}_{ji} + L\boldsymbol{n}|)(\hat{\boldsymbol{\mu}}_j \cdot \hat{\boldsymbol{\mu}}_i) \\ &\quad - B(|\boldsymbol{r}_{ji} + L\boldsymbol{n}|)((\boldsymbol{r}_{ji} + L\boldsymbol{n}) \cdot \hat{\boldsymbol{\mu}}_j)((\boldsymbol{r}_{ji} + L\boldsymbol{n}) \cdot \hat{\boldsymbol{\mu}}_i)\} \\ &\quad + \frac{1}{\pi L^3}\sum_{\boldsymbol{k}(\neq 0)} \frac{4\pi^2}{k^2}\exp\left(-\frac{k^2}{4\kappa^2}\right) 4\varepsilon^2 Q_i Q_j (\boldsymbol{k} \cdot \hat{\boldsymbol{\mu}}_j)(\boldsymbol{k} \cdot \hat{\boldsymbol{\mu}}_i)\cos(\boldsymbol{k} \cdot \boldsymbol{r}_{ji})\Bigg]\end{aligned} \tag{A6.40}$$

ゆえに，式 (A6.20) を用いれば，$\tilde{E}$の$\varepsilon \to 0$ に対する極限として，双極子から構成される系（基本セル）の粒子間相互作用のエネルギー $E$が，次のように得られる．

$$\begin{aligned}E = \lim_{\varepsilon \to 0} \tilde{E} &= \frac{1}{2}\sum_{i=1}^{N}\sum_{j=1}^{N}\Bigg[\sum_{\boldsymbol{n}}{}' \{A(|\boldsymbol{r}_{ji} + L\boldsymbol{n}|)(\boldsymbol{\mu}_j \cdot \boldsymbol{\mu}_i) \\ &\quad - B(|\boldsymbol{r}_{ji} + L\boldsymbol{n}|)((\boldsymbol{r}_{ji} + L\boldsymbol{n}) \cdot \boldsymbol{\mu}_j)((\boldsymbol{r}_{ji} + L\boldsymbol{n}) \cdot \boldsymbol{\mu}_i)\} \\ &\quad + \frac{1}{\pi L^3}\sum_{\boldsymbol{k}(\neq 0)} \frac{4\pi^2}{k^2}\exp\left(-\frac{k^2}{4\kappa^2}\right)(\boldsymbol{k} \cdot \boldsymbol{\mu}_j)(\boldsymbol{k} \cdot \boldsymbol{\mu}_i)\cos(\boldsymbol{k} \cdot \boldsymbol{r}_{ji})\Bigg]\end{aligned} \tag{A6.41}$$

磁気双極子の場合，電気双極子モーメント$\boldsymbol{\mu}_i$を磁気モーメントに置き換え，さらに，係数 $(\mu_0/4\pi)$ を掛ければそのまま適用できる．ただし，$\mu_0$は真空の透磁率である．

## 文　　献


1) S. W. de Leeuw, et al., "Simulation of Electrostatic Systems in Periodic Boundary Conditions. I. Lattice Sums and Dielectric Constants", Proc. Roy. Soc. London A, 373(1980), 27.

2) R. P. Feynman, et al.（富山小太郎訳），"ファインマン物理学 II", pp.57-58, 岩波書店 (1995).

# A7

## 基本的なFORTRANの計算プログラム集

モンテカルロ・シミュレーションのためのFORTRAN言語による計算プログラムの例を示す．まず，初期状態設定や力計算などのサブルーチンを示し，それから正準モンテカルロ・アルゴリズムによる動径分布関数の計算プログラムを示す．これらのプログラムにおいては，次の変数が共通の意味で用いられている．

共通な変数名：

| | |
|---|---|
| RX(I), RY(I), RZ(I) | ：粒子 $i$ の位置ベクトル $\boldsymbol{r}_i^*$ の成分 |
| FX(I), FY(I), FZ(I) | ：粒子 $i$ に作用する力 $\boldsymbol{f}_i^*$ の成分 |
| N | ：系の粒子数 |
| NDENS | ：粒子の数密度 |
| TEMP | ：系の温度 |
| RCOFF | ：カットオフ半径 |
| H | ：時間きざみ |
| XL, YL, ZL | ：直方体のシミュレーション領域の一辺の長さ |
| L | ：立方体のシミュレーション領域の一辺の長さ |
| RAN(J) | ：0～1に分布する一様乱数列 (J = 1 ～ NRANMX) |

分子モデルが問題となる場合，すべてレナード・ジョーンズ分子を用いており，ゆえに付録A4で示した無次元量に対する記述となっている．ここで示した計算プログラムを流用する場合，得られた結果については各自が責任を負うものとする．

なお，付録で示したFORTRANプログラムは，インターネットを介して，anonymous ftpによって入手できるようになっている．手続きは次のとおりである．

```
ftp 133.82.179.88
anonymous
<name>
cd book96dir
get book96a.for
quit
```

## A7.1　初期位置の設定

### A7.1.1　2次元系 (SUBROUTINE INIPOSIT)

図A7.1に示すような格子定数$a^*$なる正六角形の格子点上に粒子を配置する．この場合の基本格子としては，$x$方向が$\sqrt{3}a^*$，$y$方向が$2a^*$なる部分を用いる．この基本格子を両軸に等倍してシミュレーション領域を作る．したがって，系の粒子数は，$N = 4, 16, 36, 64, 100, 144, \cdots$なる制限された値から採用する．数密

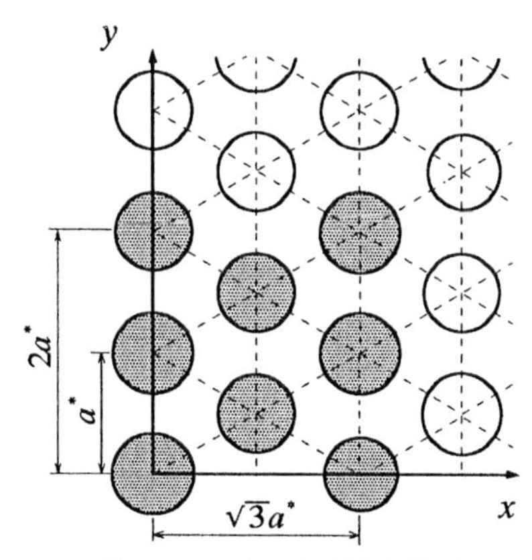


**図A7.1**　2次元系の最密充填配置

度$n^*$と格子定数$a^*$とが，$n^* = 4/(\sqrt{3}a^* \cdot 2a^*)$なる関係にあるから，$n^*$が与えられれば，格子定数が$a^* = (2/\sqrt{3}n^*)^{1/2}$のように得られる．基本格子を$P$倍して基本セルを作るとすれば，$4P^2 = N$なる関係があるから，$P = (N/4)^{1/2}$が得られる．ゆえに，シミュレーション領域の大きさは$(\sqrt{3}a^*P, 2a^*P)$となる．

```
00010 C*******************************************************************
00020 C   THIS SUBROUTINE IS FOR SETTING INITIAL POSITIONS OF PARTICLES    *
00030 C   AT CLOSED-PACKED LATTICE POINTS FOR TWO-DIMENSIONAL SYSTEM.      *
00040 C     0<RX(I)<XL   ,   0<RY(I)<YL                                   *
00050 C*******************************************************************
00060 C**** SUB INIPOSIT *****
00070       SUBROUTINE INIPOSIT( N, NDENS, RCOFF, NP )
00080 C
00090       IMPLICIT REAL*8 ( A-H , O-Z )
00100 C
00110       COMMON /BLOCK1/  RX , RY
00120       COMMON /BLOCK6/  XL , YL
00130 C
00140       PARAMETER( NN=1000 )
00150 C
00160       REAL*8  RX(NN), RY(NN), XL, YL, NDENS, RCOFF
00170       INTEGER N       , NP
00180 C
00190       REAL*8  RXI, RYI, RX0, RY0 ,  A , AX , AY , C1
00200       INTEGER KX , KY , K   , P
00210 C
00220       A  =  ( (2.D0/3.D0**0.5)/NDENS )**0.5
00230       P  = IDNINT( DSQRT(DBLE(N/4)) )
00240       XL = 3.D0**0.5*A*DBLE(P)
00250       YL = 2.D0*A*DBLE(P)
00260       IF( (XL/2.D0.LE.RCOFF) .OR. (YL/2.D0.LE.RCOFF) )THEN
00270         WRITE(NP,*)
00280         WRITE(NP,*) '++++ SIMULATION BOX IS TOO SMALL ++++'
00290         WRITE(NP,*)
00300         RETURN
00310       END IF
00320 C
00330       AX   =  3.D0**0.5*A
00340       AY   =  2.D0*A
00350       KX   =  P
00360       KY   =  P
00370       C1   = 0.01D0
00380 C                                     --- SET INITIAL POSITIONS ---
00390       K    =  0
00400 C
00410       DO 100 IFACE=1,4
00420         IF( IFACE.EQ.1 ) THEN
00430           RX0 = C1
00440           RY0 = C1
00450         ELSE IF( IFACE.EQ.2 ) THEN
00460           RX0 = C1
00470           RY0 = A + C1
00480         ELSE IF( IFACE.EQ.3 ) THEN
00490           RX0 = AX/2.D0 + C1
00500           RY0 = A/2.D0  + C1
00510         ELSE IF( IFACE.EQ.4 ) THEN
00520           RX0 = AX/2.D0 + C1
00530           RY0 = A*3.D0/2.D0 + C1
```

```
00540          END IF
00550          DO 40 J=0,KY-1
00560            RYI = DBLE(J)*AY + RY0
00570            IF( RYI .GE. YL )    GOTO 40
00580            DO 30 I=0,KX-1
00590              RXI = DBLE(I)*AX + RX0
00600              IF( RXI .GE. XL )  GOTO 30
00610 C
00620              K=K+1
00630              RX(K)    =  RXI
00640              RY(K)    =  RYI
00650    30      CONTINUE
00660    40    CONTINUE
00670   100 CONTINUE
00680       RETURN
00690       END
```

### A7.1.2　3次元系 (SUBROUTINE INIPOSIT)

図4.1(a)に示した面心立方格子状に粒子を配置する．数密度$n^*$と格子定数$a^*$は，$n^*=4/a^{*3}$なる関係があるので，$a^*=(4/n^*)^{1/3}$である．また，基本格子を$Q$倍してシミュレーション領域を作るとすれば，$4Q^3=N$なる関係があるので，$Q=(N/4)^{1/3}$である．

```
00010 C*********************************************************************
00020 C   THIS SUBROUTINE IS FOR SETTING INITIAL POSITIONS OF PARTICLES    *
00030 C   AT CLOSED-PACKED LATTICE POINTS FOR THREE-DIMENSIONAL SYSTEM.    *
00040 C     0<RX(I)<L   ,   0<RY(I)<L   ,   0<RZ(I)<L                      *
00050 C*********************************************************************
00060 C**** SUB INIPOSIT *****
00070       SUBROUTINE INIPOSIT( N , NDENS , L )
00080 C
00090       IMPLICIT REAL*8 ( A-H , O-Z )
00100 C
00110       COMMON /BLOCK1/ RX , RY , RZ
00120 C
00130       PARAMETER( NN=2050 , PI=3.141592653589793D0 )
00140 C
00150       REAL*8  RX(NN), RY(NN), RZ(NN), NDENS , L
00160       INTEGER N
00170 C
00180       REAL*8  RXI, RYI, RZI, RX0, RY0, RZ0 , C0
00190       INTEGER Q   , K   , IX , IY , IZ
00200 C
00210       C0 =  ( 4.D0/NDENS )**(1./3.)
00220       Q  =  IDNINT( DBLE(N/4)**(1./3.) )
00230       L  =  C0*DBLE(Q)
00240 C                                       --- SET INITIAL POSITIONS ---
00250       K  =  0
00260 C
00270       DO 100 IFACE=1,4
00280 C
00290         IF( IFACE.EQ.1 ) THEN
00300           RX0 = 0.0001D0
00310           RY0 = 0.0001D0
00320           RZ0 = 0.0001D0
```

```
00330          ELSE IF( IFACE.EQ.2 ) THEN
00340            RX0 = C0/2.D0
00350            RY0 = C0/2.D0
00360            RZ0 = 0.0001D0
00370          ELSE IF( IFACE.EQ.3 ) THEN
00380            RX0 = C0/2.D0
00390            RY0 = 0.0001D0
00400            RZ0 = C0/2.D0
00410          ELSE IF( IFACE.EQ.4 ) THEN
00420            RX0 = 0.0001D0
00430            RY0 = C0/2.D0
00440            RZ0 = C0/2.D0
00450          END IF
00460 C
00470          DO 50 IZ=0,Q-1
00480            RZI = DBLE(IZ)*C0 + RZ0
00490            IF( RZI .GE. L )       GOTO 50
00500            DO 40 IY=0,Q-1
00510              RYI = DBLE(IY)*C0 + RY0
00520              IF( RYI .GE. L )     GOTO 40
00530              DO 30 IX=0,Q-1
00540                RXI = DBLE(IX)*C0 + RX0
00550                IF( RXI .GE. L )   GOTO 30
00560 C
00570                K=K+1
00580                RX(K)   =  RXI
00590                RY(K)   =  RYI
00600                RZ(K)   =  RZI
00610    30        CONTINUE
00620    40      CONTINUE
00630    50    CONTINUE
00640   100 CONTINUE
00650 C
00660       N = K
00670       RETURN
00680       END
```

## A7.2 乱数発生 (SUBROUTINE RANCAL)

付録 A5 で示した方法で一様乱数列を発生させる．計算機が 2 の補数による表現法を採用しているとして，式 (A5.2) を用いている．

```
00010 C*********************************************************************
00020 C   THIS SUBROUTINE IS FOR GENERATING UNIFORM RANDOM NUMBERS          *
00030 C   (SINGLE PRECISION).                                               *
00040 C      N       : NUMBER OF RANDOM NUMBERS TO GENERATE                 *
00050 C      IX      : INITIAL VALUE OF RANDOM NUMBERS (POSITIVE INTEGER)   *
00060 C              : LAST GENERATED VALUE IS KEPT                         *
00070 C      X(N)    : GENERATED RANDOM NUMBERS (0<X(N)<1)                  *
00080 C*********************************************************************
00090 C**** SUB RANCAL ****
00100       SUBROUTINE RANCAL( N, IX, X )
00110 C
00120       DIMENSION  X(N)
00130       DATA INTEGMX/2147483647/
00140       DATA INTEGST,INTEG/584287,48828125/
```

```
00150 C
00160       AINTEGMX = REAL( INTEGMX )
00170 C
00180       IF ( IX.LT.0 ) PAUSE
00190       IF ( IX.EQ.0 ) IX = INTEGST
00200       DO 30 I=1,N
00210          IX = IX*INTEG
00220          IF (IX) 10, 20, 20
00230    10    IX   = (IX+INTEGMX)+1
00240    20    X(I) = REAL(IX)/AINTEGMX
00250    30 CONTINUE
00260       RETURN
00270       END
```

## A7.3 ブロック分割法 (2 次元系)

図4.4のように，基本セルである正方形セルを一軸当たり $P$分割し，計 $P\times P$個のサブセル（カットオフ・セル）に分割する．各カットオフ・セルは，自分のセルに属する粒子名を TABLE(*, GRP) に記憶し，さらに，その個数を TMX(GRP) に記憶する．ここに，GRP はカットオフ・セルの名前であり，例えば $P=6$ の場合，図 4.4 のように命名する．粒子 $i$ は，自分が属するカットオフ・セル名を GRPX(I), GRPY(I) に記憶する．ただし，もし，粒子 $i$ が GRP に属するとすれば，GRP=GRPX(I)+(GRPY(I)-1)*P なる関係がある．粒子がどのカットオフ・セルに属するかを判断するのに，カットオフ・セルの右端の $x$ 座標が用いられる．これは，GRPLX(GRP)(GRP=1, $\cdots$, P) に格納されている．正方形セルなので，$y$軸方向の判定にも GRPLX(*) が用いられる．ここで呼び出している初期位置の設定サブルーチン INIPOSIT は，A7.1.1 項で示したものではなく，正方形の格子点上に配置するものであり，A7.1.2 項で示したプログラムを参考にすれば容易に作成することができる．

```
00010 C*******************************************************************
00020 C*  THIS PROGRAM IS PART OF THE MAIN PROGRAM WHICH IS FOR           *
00030 C*  INTRODUCING THE CELL INDEX METHOD FOR TWO-DIMENSIONAL SYSTEM.   *
00040 C*******************************************************************
00050 C      GRPY(I),GRPX(I)    : GROUP TO WHICH PARTICLE I BELONGS
00060 C      P                 : NUMBER OF CUT-OFF CELLS IN EACH DIRECTION
00070 C      TMX(GRP)          : TOTAL NUMBER OF PARTICLES BELONGING TO GROUP(GRP)
00080 C      TABLE(*,GRP)      : NAME OF PARTICLE BELONGING TO GROUP(GRP)
00090 C      GRPLX(P)          : IS USED TO DETERMINE THE CELL TO WHICH
00100 C                          PARTICLES BELONG
00110 C      0<RX(I)<L   ,    0<RY(I)<L
00120 C-------------------------------------------------------------------
00130 C
00140       IMPLICIT REAL*8 (A-H,O-Z)
```

```
00150 C
00160       COMMON /BLOCK1/  RX   , RY
00170       COMMON /BLOCK3/  GRPX , GRPY
00180       COMMON /BLOCK5/  TMX  , TABLE
00190       COMMON /BLOCK6/  P    , GRPLX
00200 C                                 --- NN : NUM. OF PARTICLES         ---
00210 C                                 --- PP : NUM. OF CUT-OFF CELLS     ---
00220       INTEGER  NN , PP , PP2 , TT
00230       PARAMETER( NN=1000 , PP=15 , PP2=225 , TT=500 )
00240 C
00250       REAL*8   RX(NN) , RY(NN) , GRPLX(PP) , NDENS  , L
00260       INTEGER  GRPX(NN) , GRPY(NN) , TMX(PP2) , TABLE(TT,PP2) , N , P
00270                     .
00280                     .
00290                     .
00300 C     -----------------------------------------------------------------
00310 C     -------------------  SET CELL INDEX METHOD  ------------------
00320 C     -----------------------------------------------------------------
00330 C                                              --- MAKE P*P CELLS ---
00340       CALL CELLSET( N , NDENS , L , RCOFF )
00350 C                                      --- SET INITIAL POSITIONS ---
00360       CALL INIPOSIT( N , NDENS , RCOFF , NP )
00370 C                                     --- CELL NAME OF PARTICLES ---
00380       CALL GROUP( N )
00390 C                                --- PARTICLE NAMES OF EACH CELL ---
00400       CALL TABLECAL( N , P )
00410                     .
00420                     .
00430                     .
00440       STOP
00450       END
00460 C*********************************************************************
00470 C   THIS SUBROUTINE IS FOR DISTRIBUTING A MAIN CELL INTO              *
00480 C   MANY SUB-CELLS.                                                   *
00490 C*********************************************************************
00500 C**** SUB CELLSET ****
00510       SUBROUTINE CELLSET( N ,NDENS , L , RCOFF )
00520 C
00530       IMPLICIT REAL*8 (A-H,O-Z)
00540 C
00550       COMMON /BLOCK6/  P    , GRPLX
00560 C
00570       INTEGER  PP
00580       PARAMETER( PP=15 )
00590 C
00600       INTEGER  P
00610       REAL*8   GRPLX(PP) , NDENS , L , C0
00620 C
00630       L =  DSQRT( DBLE(N)/NDENS )
00640       P = INT(L/RCOFF)
00650       IF(P .LE. 2) PAUSE
00660 C
00670       C0 = L/DBLE(P)
00680       DO 10 I=1,P
00690         GRPLX(I) = C0*DBLE(I)
00700    10 CONTINUE
00710       RETURN
00720       END
00730 C*********************************************************************
00740 C   THIS SUBROUTINE IS FOR CHECKING THE SUB-CELL TO WHICH EACH         *
00750 C   PARTICLE BELONGS.                                                 *
00760 C*********************************************************************
00770 C**** SUB GROUP *****
```

```
00780       SUBROUTINE GROUP( N )
00790 C
00800       IMPLICIT REAL*8 (A-H,O-Z)
00810 C
00820       COMMON /BLOCK1/  RX , RY
00830       COMMON /BLOCK3/  GRPX, GRPY
00840       COMMON /BLOCK6/  P    , GRPLX
00850 C
00860       INTEGER  NN , PP
00870       PARAMETER( NN=1000 , PP=15 )
00880 C
00890       INTEGER  GRPX(NN) , GRPY(NN) , N       , P
00900       REAL*8   RX(NN)   , RY(NN)   , GRPLX(PP)
00910 C
00920       DO 30 I=1,N
00930 C                                                   ----- X AXIS -----
00940         DO 10 J=1,P
00950           IF( GRPLX(J) .GT. RX(I) ) THEN
00960             GRPX(I) = J
00970             GOTO 15
00980           END IF
00990    10   CONTINUE
01000         GRPX(I) = P
01010 C                                                   ----- Y AXIS -----
01020    15   DO 20 J=1,P
01030           IF( GRPLX(J) .GT. RY(I) ) THEN
01040             GRPY(I) = J
01050             GOTO 30
01060           END IF
01070    20   CONTINUE
01080         GRPY(I) = P
01090 C
01100    30 CONTINUE
01110       RETURN
01120       END
01130 C**********************************************************************
01140 C   THIS SUBROUTINE IS FOR CHECKING THE PARTICLE NAMES WHICH EACH     *
01150 C   SUB-CELL HAS.                                                      *
01160 C**********************************************************************
01170 C**** SUB TABLECAL *****
01180       SUBROUTINE TABLECAL( N , P )
01190 C
01200       IMPLICIT REAL*8 (A-H,O-Z)
01210 C
01220       COMMON /BLOCK3/  GRPX, GRPY
01230       COMMON /BLOCK5/  TMX , TABLE
01240 C
01250       INTEGER  NN , PP2 , TT
01260       PARAMETER( NN=1000 , PP2=225 , TT=500  )
01270 C
01280       INTEGER  GRPX(NN) , GRPY(NN) , TMX(PP2) , TABLE(TT,PP2)
01290       INTEGER  N    , P  , GX   , GY  , GP
01300 C
01310       DO 10 GY=1,P
01320       DO 10 GX=1,P
01330         GP = GX + (GY-1)*P
01340         TMX(GP)      = 0
01350         TABLE(1,GP)  = 0
01360    10 CONTINUE
01370 C
01380       DO 20 I=1,N
01390         GX = GRPX(I)
01400         GY = GRPY(I)
```

```
01410          GP = GX + (GY-1)*P
01420          TMX(GP) = TMX(GP) + 1
01430          TABLE( TMX(GP),GP ) = I
01440     20 CONTINUE
01450        RETURN
01460        END
```

## A7.4 力および相互作用のエネルギーの計算

### A7.4.1 相互作用のエネルギーの計算 (SUBROUTINE ENECAL)

粒子 $i$ と相互作用する粒子名と相互作用のエネルギーが ETABLE(*,I) と E(*,I) に格納され，その粒子数が ETMX(I) に格納される．粒子 $i$ の有する相互作用の全エネルギーが ETOT(I) に保存される．このサブルーチンは，A7.5 で示すモンテカルロ・シミュレーションのプログラムで引用されるので，DO 100 I=1,N; DO 40 J=1,N の構造になっているが，次項で示す力の計算のサブルーチンの場合のように，DO 100 I=1,N-1; DO 40 J=I+1,N の構造にするのは非常に容易である．また，本来，力とエネルギーとは同一のサブルーチン内で計算することが通常である．行番号 450, 460 等では周期境界条件の処理を行っている．

```
00010 C*******************************************************************
00020 C   THIS SUBROUTINE IS FOR CALCULATING ENERGIES BETWEEN PARTICLES    *
00030 C   FOR THREE-DIMENSIONAL LENNARD-JONES SYSTEM.                      *
00040 C      ETOT(I)      : ENERGY OF PARTICLE I                           *
00050 C      E(*,I)       : INTERACTION ENERGY OF PARTICLE I WITH THE OTHERS*
00060 C      ETMX(I)      : TOTAL NUMBER OF PARTICLES INTERACTING WITH I    *
00070 C      ETABLE(*,I)  : NAME OF PARTICLES INTERACTING WITH I            *
00080 C      RCOFF2 = RCOFF**2                                              *
00090 C*******************************************************************
00100 C**** SUB ENECAL *****
00110       SUBROUTINE ENECAL( N , RCOFF2 )
00120 C
00130       IMPLICIT REAL*8 (A-H,O-Z)
00140 C
00150       COMMON /BLOCK1/  RX , RY , RZ
00160       COMMON /BLOCK4/  E    , ETOT , ETMX , ETABLE
00170       COMMON /BLOCK8/  NDENS, TEMP , RCOFF ,  L
00180 C
00190       INTEGER  NN , TT
00200       PARAMETER( NN=2050 , TT=600  )
00210 C
00220       INTEGER  N  ,  ETMX(NN) , ETABLE(TT,NN)
00230       REAL*8   RX(NN), RY(NN), RZ(NN), E(TT,NN), ETOT(NN), NDENS, L
00240 C
00250       REAL*8   RXIJ , RYIJ , RZIJ , RIJSQ , L2
```

```
00260 C
00270       L2 = L/2.D0
00280       DO 5 I=1,N
00290         ETMX(I) = 0
00300         ETABLE(1,I) = 0
00310         DO 3 J=1,TT
00320           E(J,I) = 0.D0
00330     3   CONTINUE
00340     5 CONTINUE
00350 C
00360       DO 100 I=1,N
00370 C
00380         ETOT(I)= 0.D0
00390 C
00400 C                                             ---- CALCULATE ENERGY ---
00410              DO 40 J=1,N
00420                IF( J .EQ. I )          GOTO 40
00430 C
00440                RXIJ = RX(J) - RX(I)
00450                IF( RXIJ .GE.  L2 ) RXIJ = RXIJ - L
00460                IF( RXIJ .LT. -L2 ) RXIJ = RXIJ + L
00470                IF( DABS(RXIJ) .GE. RCOFF ) GOTO 40
00480                RYIJ = RY(J) - RY(I)
00490                IF( RYIJ .GE.  L2 ) RYIJ = RYIJ - L
00500                IF( RYIJ .LT. -L2 ) RYIJ = RYIJ + L
00510                IF( DABS(RYIJ) .GE. RCOFF ) GOTO 40
00520                RZIJ = RZ(J) - RZ(I)
00530                IF( RZIJ .GE.  L2 ) RZIJ = RZIJ - L
00540                IF( RZIJ .LT. -L2 ) RZIJ = RZIJ + L
00550                IF( DABS(RZIJ) .GE. RCOFF ) GOTO 40
00560 C
00570                RIJSQ= RXIJ**2 + RYIJ**2 + RZIJ**2
00580                IF( RIJSQ .GE. RCOFF2 )     GOTO 40
00590 C
00600                SR2  = 1.D0/RIJSQ
00610                SR6  = SR2*SR2*SR2
00620                EIJ  = SR6*( SR6-1.D0 )
00630 C
00640                ETOT(I) = ETOT(I) + EIJ*4.D0
00650 C
00660                ETMX(I) = ETMX(I) + 1
00670                ETABLE(ETMX(I),I) = J
00680                E(ETMX(I),I) = EIJ*4.D0
00690    40        CONTINUE
00700 C
00710   100 CONTINUE
00720       RETURN
00730       END
```

### A7.4.2　力の計算 (SUBROUTINE FORCECAL)

力の作用反作用の法則より，粒子 $i$ が粒子 $j$ に及ぼす力は，粒子 $j$ が粒子 $i$ に及ぼす力の符号を反転させたものに等しい．ゆえに，粒子 $i$ に及ぼす力の計算のときに，反作用の力を相手粒子の変数に保存すれば，$N(N-1)/2$ 通りの計算で済む．DO 100 I=1,N-1; DO 50 J=I+1,N となっているのはこのためである．行番号 400 などは，周期境界条件の処理を行っている．なお，前項の相互作用のエネルギーのプログラムを参考にすれば，このサブルーチンに相互作用のエネルギーの項を付け加えるのは非常に簡単である．

```
00010 C*******************************************************************
00020 C   THIS SUBROUTINE IS FOR CALCULATING FORCES BETWEEN PARTICLES      *
00030 C   FOR THREE-DIMENSIONAL LENNARD-JONES SYSTEM.                      *
00040 C      RCOFF2 = RCOFF**2                                             *
00050 C*******************************************************************
00060 C**** SUB FORCECAL *****
00070       SUBROUTINE FORCECAL( N, RCOFF, RCOFF2, RX, RY, RZ, FX, FY, FZ )
00080 C
00090       IMPLICIT REAL*8( A-H , O-Z )
00100 C
00110       COMMON /BLOCK8/ XL    , YL     , ZL
00120 C
00130       PARAMETER( NN=2050 )
00140 C
00150       INTEGER  N
00160       REAL*8   RX(NN)  , RY(NN)  , RZ(NN) , FX(NN) , FY(NN) , FZ(NN)
00170 C
00180       REAL*8   RXI  , RYI  , RZI  , RXIJ , RYIJ , RZIJ , RIJSQ
00190       REAL*8   FXI  , FYI  , FZI  , FXIJ , FYIJ , FZIJ , FIJ
00200       REAL*8   SR2  , SR6  , SR12
00210 C
00220       DO 10 I=1,N
00230         FX(I) = 0.D0
00240         FY(I) = 0.D0
00250         FZ(I) = 0.D0
00260    10 CONTINUE
00270 C
00280       DO 100 I=1,N-1
00290 C
00300         RXI = RX(I)
00310         RYI = RY(I)
00320         RZI = RZ(I)
00330         FXI = FX(I)
00340         FYI = FY(I)
00350         FZI = FZ(I)
00360 C
00370         DO 50 J=I+1,N
00380 C
00390           RXIJ = RXI  - RX(J)
00400           RXIJ = RXIJ - DNINT(RXIJ/XL)*XL
00410           IF( DABS(RXIJ) .GE. RCOFF )      GOTO 50
00420           RYIJ = RYI  - RY(J)
00430           RYIJ = RYIJ - DNINT(RYIJ/YL)*YL
00440           IF( DABS(RYIJ) .GE. RCOFF )      GOTO 50
00450           RZIJ = RZI  - RZ(J)
00460           RZIJ = RZIJ - DNINT(RZIJ/ZL)*ZL
00470           IF( DABS(RZIJ) .GE. RCOFF )      GOTO 50
00480 C
00490           RIJSQ= RXIJ*RXIJ + RYIJ*RYIJ + RZIJ*RZIJ
00500           IF( RIJSQ .GE. RCOFF2 )          GOTO 50
00510 C
00520           SR2  = 1.D0/RIJSQ
00530           SR6  = SR2*SR2*SR2
00540           SR12 = SR6*SR6
00550           FIJ  = ( 2.D0*SR12 - SR6 )/RIJSQ
00560           FXIJ = FIJ*RXIJ
00570           FYIJ = FIJ*RYIJ
00580           FZIJ = FIJ*RZIJ
```

```
00590            FXI  = FXI  + FXIJ
00600            FYI  = FYI  + FYIJ
00610            FZI  = FZI  + FZIJ
00620 C
00630            FX(J) = FX(J) - FXIJ
00640            FY(J) = FY(J) - FYIJ
00650            FZ(J) = FZ(J) - FZIJ
00660 C
00670    50   CONTINUE
00680 C
00690          FX(I) = FXI
00700          FY(I) = FYI
00710          FZ(I) = FZI
00720 C
00730   100 CONTINUE
00740 C
00750       DO 120 I=1,N
00760         FX(I) = FX(I)*24.D0
00770         FY(I) = FY(I)*24.D0
00780         FZ(I) = FZ(I)*24.D0
00790   120 CONTINUE
00800       RETURN
00810       END
```

## A7.5 正準モンテカルロ・アルゴリズムによる動径分布関数の計算プログラム (MCRADIA1.FORT)

第 4.5 節の図 4.6 で示したレナード・ジョーンズ系の動径分布関数を求めるプログラムを示す．ENECAL などの必要なサブルーチンは，前に示したものを変更なしにそのまま使う．ETOT(*) などの変数は，サブルーチン ENECAL のところで説明したとおりである．初期状態を設定してから，本シミュレーションに入る．粒子が一ステップで移動し得る最大距離は DLTA である．まず移動の候補値として，(RXCAN, RYCAN, RZCAN) が乱数によって決められる．その粒子が新たな位置で相互作用する粒子を調べ，その名前を PNUM(*) に，相互作用のエネルギーを ECAN(*) に，相互作用する粒子の数を PMX に格納する．Metropolis の推移確率に従って移動の採否を判定し，移動が採択されたならば，移動した粒子のエネルギーのデータ，およびその粒子と新旧の位置で相互作用する相手粒子のエネルギーのデータを更新する．なお，この更新処理は，ブロック分割法を用いた場合の TMX(*), TABLE(**,*) のデータの入れ替えにも容易に応用できる．MC ステップである MCSMPL が NRADIAL を越えたならば，動径分布関数の計算のためのサンプリングを開始する．動径分布関

れがRADIAL(*)に保存されて，最後にファイルに出力される．なお，動径分布関数の評価法は，第4.5節を参照されたい．

```
00010 C*******************************************************************
00020 C*                                                                 *
00030 C*                 MCRADIA1.FORT                                   *
00040 C*                                                                 *
00050 C*      ---------------------------------------------------        *
00060 C*      -  NVT MONTE CARLO SIMULATION OF RADIAL DISTRIBUTION  -    *
00070 C*      -  FUNCTIONS FOR THREE-DIMENSIONAL LENNARD-JONES SYSTEM.-  *
00080 C*      ---------------------------------------------------        *
00090 C*                 1. CALCULATION OF RADIAL DISTRIBUTION FUNCTIONS *
00100 C*                 2. NOT USING THE CELL INDEX METHOD              *
00110 C*                                                                 *
00120 C*     COMMAND PROC. (FOR HITAC-VOS3)                              *
00130 C*       10 ALLOC DD(FT09F001) DS(@AA1.DATA) REN REU : PROCESS     *
00140 C*       20 ALLOC DD(FT06F001) DS(*)                               *
00150 C*       30 ALLOC DD(FT10F001) DS(AA11.DATA) REN REU : PARA.,MEAN ENE *
00160 C*       40 ALLOC DD(FT11F001) DS(AA21.DATA) REN REU : RADIAL FUNC.  *
00170 C*       50 ALLOC DD(FT19F001) DS(AA091.DATA) SHR REU: POSITION(OLD) *
00180 C*       60 ALLOC DD(FT21F001) DS(AA001.DATA) REN REU: POSITION    *
00190 C*       70 ALLOC DD(FT22F001) DS(AA011.DATA) REN REU              *
00200 C*       80 RUN MCRADIA1.FORT                                      *
00210 C*       90 FREE ALL                                               *
00220 C*       95 END                                                    *
00230 C*                                                                 *
00240 C*                                   VER.1  BY A.SATOH , '95 3/2   *
00250 C*******************************************************************
00260 C     ETOT(I)      : ENERGY OF PARTICLE I
00270 C     E(*,I)       : INTERACTION ENERGY OF PARTICLE I WITH THE OTHERS
00280 C     ETMX(I)      : TOTAL NUMBER OF PARTICLES INTERACTING WITH I
00290 C     ETABLE(*,I)  : NAME OF PARTICLES INTERACTING WITH I
00300 C     MEANENE(**)  : MEAN ENERGY OF SYSTEM AT EACH MC STEP
00310 C     DLTA     : MAXIMUM MOVEMENT DISTANCE FOR USUAL MC METHOD
00320 C     DR       : RADIAL INTERVAL FOR CALCULATING RAD.DIST.FUNC.
00330 C     RMX      : MAXIMUM RADIAL
00340 C     R0(*)    : IS USED TO DETERMINE THE UNIT TO WHICH EACH PARTICLE
00350 C                BELONGS ( 1=< * =< NR0MX )
00360 C     R(*)     : REPRESENTATIVE POINT FOR EACH UNIT FOR RAD.DIST.FUNC.
00370 C                ( 1=< * =< NRMX )
00380 C     RADIAL   : RAD.DIST.FUNC.
00390 C     SUMRAD   : SUMMATION OF RAD.DIST.FUNC.
00400 C     0<RX(I)<L   ,   0<RY(I)<L   ,   0<RZ(I)<L
00410 C-------------------------------------------------------------------
00420       IMPLICIT REAL*8 (A-H,O-Z)
00430 C
00440       COMMON /BLOCK1/  RX    , RY    , RZ
00450       COMMON /BLOCK4/  E     , ETOT  , ETMX  , ETABLE
00460       COMMON /BLOCK7/  NRAN  , RAN   , IX
00470       COMMON /BLOCK8/  NDENS, TEMP  , RCOFF,   L
00480       COMMON /BLOCK9/  DLTA
00490       COMMON /BLOCK10/ MEANENE
00500       COMMON /BLOCK12/ DR  , RMX  , CRAD, NRMX  , NR0MX
00510       COMMON /BLOCK13/ R   , R0
00520       COMMON /BLOCK14/ RADIAL  , SUMRAD
00530 C
00540       INTEGER  NN  , TT  , SS  , NNS
00550       PARAMETER( NN=2050  , TT=600  , SS=200 )
00560       PARAMETER( NNS=100000 )
00570       PARAMETER( NRANMX=500000    , PI=3.141592653589793D0 )
```

```
00580 C
00590       REAL*8   RX(NN) , RY(NN) , RZ(NN) , E(TT,NN) , ETOT(NN)
00600       REAL*8   NDENS     , L
00610       REAL     MEANENE(NNS)
00620 C
00630       INTEGER  ETMX(NN) , ETABLE(TT,NN) , N
00640 C
00650       REAL     RAN(NRANMX)
00660       INTEGER  NRAN , IX , NRANCHK
00670 C
00680       REAL*8   RXCAN , RYCAN  , RZCAN , RXIJ  , RYIJ  , RZIJ , RIJSQ
00690       REAL*8   EIJ   , ETOTCAN, ECAN(NN), RCOFF2 , L2 , C1   , C3
00700 C
00710       INTEGER  PNUM(NN), PMX
00720       INTEGER  MCSMPL   , MCSMPL1 , MCSMPL2
00730       INTEGER  MCSMPLST, MCSMPLMX, SMPLSTEP
00740       INTEGER  NGRAPH1 , NOPT     , NP    , IC1   , ETMXMX
00750 C
00760       INTEGER  NRMX    , NR0MX   , NRADIAL, RADCOUNT
00770       REAL*8   R0(SS) , R(SS)   , RADIAL(SS) , SUMRAD(SS) , R0CHKSQ
00780 C
00790                                                                    NP=9
00800 C
00810               OPEN(9, FILE='@AA1.DATA',STATUS='UNKNOWN',TYPE='TEXT')
00820               OPEN(10,FILE='AA11.DATA',STATUS='UNKNOWN',TYPE='TEXT')
00830               OPEN(11,FILE='AA21.DATA',STATUS='UNKNOWN',TYPE='TEXT')
00840               OPEN(21,FILE='AA001.DATA',STATUS='UNKNOWN',TYPE='TEXT')
00850               OPEN(22,FILE='AA011.DATA',STATUS='UNKNOWN',TYPE='TEXT')
00860 C
00870 C                                                  --- PARAMETER (1) ---
00880 C                             + N=32,108,256,500,864,1372,2048,... +
00890 C                             + NDENS=0.1 , 0.65 , 1.2             +
00900       N        =  256
00910       NDENS    =  0.65D0
00920       TEMP     =  1.2D0
00930       RCOFF    =  2.5D0
00940       DLTA     =  0.11D0
00950 C                                                  --- PARAMETER (3) ---
00960 C                                            +++ MCSMPLMX.GE.200 ! +++
00970       MCSMPLST = 1
00980       MCSMPLMX = 100000
00990       NRADIAL  = 10000
01000 C                                                  --- PARAMETER (4) ---
01010       NGRAPH1  = 50000
01020       SMPLSTEP = 1
01030       NOPT     = 20
01040 C                                                  --- PARAMETER (5) ---
01050       NCHK     = 50
01060       NACCEPT = 0
01070 C                                                  --- PARAMETER (6) ---
01080       C0 =  ( 4.D0/NDENS )**(1./3.)
01090       IQ  =  IDNINT( DBLE(N/4)**(1./3.) )
01100       L   =  C0*DBLE(IQ)
01110       IF( L .LE. 2.D0*RCOFF ) THEN
01120         WRITE(NP,*) '****** N IS TOO SMALL.....'
01130         STOP
01140       END IF
01150       RCOFF2 = RCOFF**2
01160       L2 = L/2.D0
01170 C                                                  --- PARAMETER (7) ---
01180       IX = 0
01190       CALL RANCAL( NRANMX, IX, RAN )
01200       NRAN     = 1
```

```
01210         NRANCHK = NRANMX - 5*N
01220 C                                              --- PARAMETER (8) ---
01230         DR      = 1.D0/DBLE( 20 )
01240         RMX     = 5.D0
01250         CALL RADIALR( R0, R )
01260         R0CHKSQ = R0(NR0MX)**2
01270         CRAD    = ( L**3/DBLE(N**2) ) / ( 4.D0*PI*DR )
01280 C
01290 C       ---------------------------------------------------------------
01300 C       -----------------   INITIAL CONFIGURATION   -----------------
01310 C       ---------------------------------------------------------------
01320 C
01330 C                                         --- SET INITIAL POSITIONS ---
01340 CCC     OPEN(19,FILE='AA091.DATA',STATUS='OLD',TYPE='TEXT')
01350 CCC       READ(19,462)  N , L
01360 CCC       READ(19,464) (RX(I),I=1,N) , (RY(I),I=1,N) , (RZ(I),I=1,N)
01370 CCC     CLOSE(19,STATUS='KEEP')
01380 CCC     GOTO 7
01390 C
01400         CALL INIPOSIT( N , NDENS , L )
01410 C                                            --- CALCULATE ENERGY ---
01420       7 CALL ENECAL( N , RCOFF2 )
01430 C                                                   --- PRINT OUT ---
01440         WRITE(NP,12) N, NDENS, TEMP, L, RCOFF, DLTA
01450         WRITE(NP,14) MCSMPLMX, NGRAPH1
01460         WRITE(NP,16) DR , RMX , NRMX
01470 C
01480 C                                              --- INITIALIZATION ---
01490         ETMXMX   = 0
01500 C
01510         RADCOUNT= 0
01520         DO 50 I=1,NRMX
01530           SUMRAD(I) = 0.D0
01540      50 CONTINUE
01550 C
01560 C       ---------------------------------------------------------------
01570 C       ---------------   START OF MONTE CARLO PROGRAM   -------------
01580 C       ---------------------------------------------------------------
01590 C
01600         MCSMPL1 =MCSMPLST
01610         MCSMPL2 =MCSMPLMX
01620 C
01630         DO 500 MCSMPL = MCSMPL1 , MCSMPL2
01640 C
01650           DO 400 I=1,N
01660 C                                  ----------  (1) CANDIDATE  ---------
01670 C
01680 C                                                     +++ POSITION +++
01690 C
01700             RXCAN = RX(I) + DLTA*( 1.D0 - 2.D0*DBLE(RAN(NRAN)) )
01710             NRAN  = NRAN + 1
01720             RYCAN = RY(I) + DLTA*( 1.D0 - 2.D0*DBLE(RAN(NRAN)) )
01730             NRAN  = NRAN + 1
01740             RZCAN = RZ(I) + DLTA*( 1.D0 - 2.D0*DBLE(RAN(NRAN)) )
01750             NRAN  = NRAN + 1
01760             IF( RXCAN .GE. L    ) RXCAN = RXCAN - L
01770             IF( RXCAN .LT. 0.D0 ) RXCAN = RXCAN + L
01780             IF( RYCAN .GE. L    ) RYCAN = RYCAN - L
01790             IF( RYCAN .LT. 0.D0 ) RYCAN = RYCAN + L
01800             IF( RZCAN .GE. L    ) RZCAN = RZCAN - L
01810             IF( RZCAN .LT. 0.D0 ) RZCAN = RZCAN + L
01820 C
01830 C                                 -------  (2) CALCULATE ENERGY -------
```

```
01840          PMX     = 0
01850          ETOTCAN= 0.D0
01860 C                                                        +++ ENERGY +++
01870            DO 200 J=1,N
01880 C
01890              IF( J .EQ. I )                 GOTO 200
01900 C
01910              RXIJ = RX(J) - RXCAN
01920              IF( RXIJ .GE.  L2 ) RXIJ = RXIJ - L
01930              IF( RXIJ .LT. -L2 ) RXIJ = RXIJ + L
01940              IF( DABS(RXIJ) .GE. RCOFF )  GOTO 200
01950              RYIJ = RY(J) - RYCAN
01960              IF( RYIJ .GE.  L2 ) RYIJ = RYIJ - L
01970              IF( RYIJ .LT. -L2 ) RYIJ = RYIJ + L
01980              IF( DABS(RYIJ) .GE. RCOFF )  GOTO 200
01990              RZIJ = RZ(J) - RZCAN
02000              IF( RZIJ .GE.  L2 ) RZIJ = RZIJ - L
02010              IF( RZIJ .LT. -L2 ) RZIJ = RZIJ + L
02020              IF( DABS(RZIJ) .GE. RCOFF )  GOTO 200
02030 C
02040              RIJSQ = RXIJ**2 + RYIJ**2 + RZIJ**2
02050              IF( RIJSQ .GE. RCOFF2 )        GOTO 200
02060 C                                 +++++++++++++++++++++++++++++++++
02070 C                                  PNUM(*):SAVE INTERACTIVE PARTICLE
02080 C                                          NAMES.
02090 C                                  ECAN(*):SAVE INTERACTION ENERGIES
02100 C                                     *    :1,2,3,....,PMX
02110 C                                 +++++++++++++++++++++++++++++++++
02120 C
02130              PMX = PMX + 1
02140 C
02150              SR2   = 1.D0/RIJSQ
02160              SR6   = SR2*SR2*SR2
02170              EIJ   = SR6*( SR6-1.D0 )
02180 C
02190              PNUM(PMX)  = J
02200              ECAN(PMX)  = EIJ*4.D0
02210              ETOTCAN    = ETOTCAN + EIJ
02220 C
02230   200      CONTINUE
02240 C
02250            ETOTCAN = ETOTCAN*4.D0
02260 C
02270 C     --------  (3) JUDGEMENT ACCORDING TO METROPOLIS METHOD --------
02280 C
02290            C3 = ETOTCAN - ETOT(I)
02300            IF( C3 .GE. 0.D0 )THEN
02310              IF( DBLE(RAN(NRAN)) .GE. DEXP(-C3/TEMP) )THEN
02320                NRAN = NRAN + 1
02330                GOTO 400
02340              END IF
02350              NRAN = NRAN + 1
02360            END IF
02370 C                                              ++++++++++++++++++++++
02380 C                                              CANDIDATES ARE ACCEPTED
02390 C                                              ++++++++++++++++++++++
02400            NACCEPT = NACCEPT + 1
02410 C
02420 C                                   -------  (4) RENEW DATA  -------
02430 C
02440            RX(I)    = RXCAN
02450            RY(I)    = RYCAN
02460            RZ(I)    = RZCAN
```

```
02470           ETOT(I) = ETOTCAN
02480 C                                            ----- ENERGY DATA -----
02490 C
02500 C                                          ++++++++++++++++++++++++
02510 C                                           FOR PARTICLES WHICH
02520 C                                           INTERACT WITH PARTICLE I
02530 C                                          ++++++++++++++++++++++++
02540           IF ( PMX .EQ. 0 )        GOTO 365
02550 C
02560           DO 360 JJ=1,PMX
02570             J = PNUM(JJ)
02580             IF( ETMX(J) .EQ. 0 )  GOTO 355
02590             DO 350 JJJ=1,ETMX(J)
02600               IF( ETABLE(JJJ,J) .EQ. I ) THEN
02610                 ETOT(J)   = ETOT(J) - E(JJJ,J) + ECAN(JJ)
02620                 E(JJJ,J) = ECAN(JJ)
02630                 GOTO 360
02640               END IF
02650   350       CONTINUE
02660   355       ETMX(J)   = ETMX(J) + 1
02670             ETABLE(ETMX(J),J) = I
02680             E(     ETMX(J),J) = ECAN(JJ)
02690             ETOT(J)   = ETOT(J) + ECAN(JJ)
02700   360     CONTINUE
02710 C                                     ++++++++++++++++++++++++++++
02720 C                                      FOR PARTICLES WHICH BECOME
02730 C                                      OUT OF RELATION TO PARTICLE I
02740 C                                     ++++++++++++++++++++++++++++
02750   365     IF( ETMX(I) .EQ. 0 )         GOTO 383
02760 C
02770           DO 380 JJ=1,ETMX(I)
02780             J = ETABLE(JJ,I)
02790             IF( PMX .EQ. 0 )             GOTO 373
02800             DO 370 JJJ=1,PMX
02810               IF( PNUM(JJJ) .EQ. J )  GOTO 380
02820   370       CONTINUE
02830   373       IF( ETMX(J) .EQ. 0 )       GOTO 380
02840             IC1 = ETMX(J)
02850             DO 375 JJJ=1,IC1
02860               IF( ETABLE(JJJ,J) .EQ. I ) THEN
02870                 ETOT(J)   = ETOT(J) - E(JJJ,J)
02880                 IF( JJJ .EQ. IC1 ) THEN
02890                   ETMX(J) = ETMX(J) - 1
02900                 ELSE
02910                   ETABLE(JJJ,J) = ETABLE(IC1,J)
02920                   E(     JJJ,J) = E(     IC1,J)
02930                   ETMX(J) = ETMX(J) - 1
02940                 END IF
02950                 GOTO 380
02960               END IF
02970   375       CONTINUE
02980   380     CONTINUE
02990 C                                  ++++++++++++++++++++++++++++++++
03000 C                                  RENEW DATA CONCERNING PARTICLE I
03010 C                                  ++++++++++++++++++++++++++++++++
03020   383     ETMX(I) = PMX
03030           IF( PMX .EQ. 0 )      GOTO 400
03040           DO 385 JJ=1,PMX
03050             ETABLE(JJ,I) = PNUM(JJ)
03060             E(JJ,I) = ECAN(JJ)
03070   385     CONTINUE
03080 C
03090 C
```

```
03100   400      CONTINUE
03110 C
03120 C                                      ----- ENERGY OF SYSTEM -----
03130            C1 = 0.D0
03140            DO 450 J=1,N
03150              C1 = C1 + ETOT(J)
03160   450      CONTINUE
03170            MEANENE(MCSMPL) = REAL(C1)/REAL(2*N)
03180 C
03190 C                                   ----- RADIAL DISTRIBUTION -----
03200            IF( MCSMPL .GT. NRADIAL ) THEN
03210              RADCOUNT = RADCOUNT + 1
03220 C                                            --- ALONG Z-AXIS ---
03230              CALL RADIALCA( N, L, RADIAL, R0CHKSQ )
03240              DO 455 J=1,NRMX
03250                SUMRAD(J) = SUMRAD(J) + RADIAL(J)
03260   455        CONTINUE
03270            END IF
03280 C                                --- DATA OUTPUT FOR GRAPHICS (1) ---
03290 C
03300            IF( MOD(MCSMPL,NGRAPH1) .EQ. 0 ) THEN
03310              NOPT = NOPT + 1
03320              WRITE(NOPT,462)  N , L
03330              WRITE(NOPT,464) (RX(I),I=1,N),(RY(I),I=1,N),(RZ(I),I=1,N)
03340            END IF
03350 C
03360 C
03370 C                                 --- CHECK OF MAXIMUM OF ETMX ---
03380            DO 490 J=1,N
03390              IF( ETMX(J) .GT. ETMXMX ) ETMXMX = ETMX(J)
03400   490      CONTINUE
03410 C
03420 C                          --- CHECK OF THE SUM OF RANDOM NUMBERS ---
03430 C
03440            IF( NRAN .GE. NRANCHK )THEN
03450              CALL RANCAL( NRANMX, IX, RAN )
03460              NRAN = 1
03470            END IF
03480 C                            ----- ADJUST MAXIMUM DISPLACEMENT ----
03490 C
03500          IF( MOD(MCSMPL,NCHK) .EQ. 0 ) THEN
03510            RATIO = REAL(NACCEPT)/REAL(N*NCHK)
03520            IF( RATIO .GT. 0.5 ) THEN
03530              DLTA = DLTA*1.05D0
03540            ELSE
03550              DLTA = DLTA*0.95D0
03560            END IF
03570            NACCEPT = 0
03580          END IF
03590 C
03600 C
03610 C
03620   500 CONTINUE
03630 C
03640 C     -------------------------------------------------------------
03650 C     -----------------  END OF MONTE CARLO PROGRAM  ---------------
03660 C     -------------------------------------------------------------
03670 C
03680 C                                      --- PRINT OUT RESULTS ---
03690         CALL PRNTDATA( MCSMPL1 , MCSMPL2 , NP )
03700         WRITE(NP,612)  ETMXMX , MCSMPL1 , MCSMPL2
03710 C
03720 C                               --- DATA OUTPUT FOR GRAPHICS (2) ---
```

```
03730        IC = 0
03740        WRITE(10,1012) N, IC, NDENS, TEMP, RCOFF, L
03750        WRITE(10,1013) DLTA, MCSMPLMX, SMPLSTEP
03760        WRITE(10,1014) ( MEANENE(I),I=SMPLSTEP,MCSMPLMX,SMPLSTEP )
03770 C
03780 C                                 --- DATA OUTPUT FOR GRAPHICS (3) ---
03790        DO 1100 I=1,NRMX
03800          RADIAL(I) = SUMRAD(I)/DBLE(RADCOUNT)
03810   1100 CONTINUE
03820        WRITE(11,1102) NRMX , RADCOUNT
03830        DO 1105 I=1,NRMX
03840          WRITE(11,1104) I, R(I), RADIAL(I)
03850   1105 CONTINUE
03860 C
03870 C                                              --- PRINT OUT R.D.F. ---
03880        WRITE(NP,1106) RADCOUNT
03890        DO 1110 I=1,NRMX
03900          WRITE(NP,1108) I , R(I) , RADIAL(I)
03910   1110 CONTINUE
03920                                             CLOSE(9, STATUS='KEEP')
03930                                             CLOSE(10,STATUS='KEEP')
03940                                             CLOSE(11,STATUS='KEEP')
03950                                             CLOSE(21,STATUS='KEEP')
03960                                             CLOSE(22,STATUS='KEEP')
03970 C      -------------------------- FORMAT ----------------------------
03980     12 FORMAT(/1H ,'---------------------------------------------------'
03990       &       /1H ,'-                 MONTE CARLO METHOD               -'
04000       &       /1H ,'---------------------------------------------------'
04010       &      //1H ,'N=',I4, 3X ,'NDENS=',F5.2, 2X ,'TEMP=',F5.2, 2X ,
04020       &             'L=',F6.2
04030       &       /1H ,'RCOFF=',F6.2, 2X ,'DLTA=',F7.4)
04040     14 FORMAT(/1H ,'MCSMPLMX=',I8, 2X ,'NGRAPH1=',I8)
04050     16 FORMAT(/1H ,'DR=',F6.3, 3X ,'RMX=',F6.3, 3X ,'NRMX=',I4/)
04060    462 FORMAT( I4 , F9.4 )
04070    464 FORMAT( (8F10.5) )
04080    612 FORMAT(///1H ,18X, 'MAXIMUM OF ETMX=',I7
04090       &         /1H ,18X, 'START OF MC SAMPLING STEP=',I7
04100       &         /1H ,18X, 'END   OF MC SAMPLING STEP=',I7/)
04110   1012 FORMAT( I7 , I3 , 4F8.4 )
04120   1013 FORMAT( F8.4 , 2I8 )
04130   1014 FORMAT( (5E16.9) )
04140   1102 FORMAT( 2I8 )
04150   1104 FORMAT( I6 , F8.4 , F10.5 )
04160   1106 FORMAT(///1H ,'------ RADIAL DISTRIBUTION ------'
04170       &         /1H ,'        SAMPLING NUMBER=',I7/)
04180   1108 FORMAT(1H ,'NR=',I4, 3X ,'R=',F6.3, 3X , 'R.D.F.=',F9.4)
04190        STOP
04200        END
04210 C******************************************************************
04220 C***************************    SUBROUTINE    *************************
04230 C******************************************************************
04240 C
04250 C**** SUB PRNTDATA ****
04260        SUBROUTINE PRNTDATA( MCSST, MCSMX, NP )
04270 C
04280        COMMON /BLOCK10/ MEANENE
04290 C
04300        PARAMETER( NNS=100000 )
04310 C
04320        INTEGER  MCSST     , MCSMX     , NP
04330        REAL     MEANENE(NNS)
04340 C
04350        REAL     AMEANENE(10) , C0
```

```
04360       INTEGER  IC , IMC(0:10) , JS , JE
04370 C
04380 C                                   --- PRINT OUT PROCESS OF ENERGY ---
04390       IC = ( MCSMX-MCSST+1 )/50
04400       DO 20 I= MCSST-1+IC , MCSMX , IC
04410         WRITE(NP,10) I , MEANENE(I)
04420    20 CONTINUE
04430 C                                     --- MONTE CARLO STEP AVERAGE ---
04440       IC = ( MCSMX-MCSST+1 )/10
04450       DO 30 I=0,10
04460         IMC(I) = MCSST - 1 + IC*I
04470         IF( I .EQ. 10 ) IMC(I) =MCSMX
04480    30 CONTINUE
04490 C
04500 C
04510       DO 35 I=1,10
04520         AMEANENE(I) = 0.
04530    35 CONTINUE
04540 C
04550       DO 50 I=1,10
04560         JS = IMC(I-1) + 1
04570         JE = IMC(I)
04580         DO 40 J=JS,JE
04590           AMEANENE(I) = AMEANENE(I) + MEANENE(J)
04600    40   CONTINUE
04610    50 CONTINUE
04620 C
04630       DO 70 I=1,10
04640         C0          = REAL( IMC(I)-IMC(I-1) )
04650         AMEANENE(I) = AMEANENE(I)/C0
04660    70 CONTINUE
04670 C                                         --- PRINT OUT MEAN ENERGY ---
04680       WRITE(NP,75)
04690       DO 90 I=1,10
04700        WRITE(NP,80)I,IMC(I-1)+1,IMC(I), AMEANENE(I)
04710    90 CONTINUE
04720 C     ---------------------------------------------------------------
04730    10 FORMAT(1H ,'MCSMPL=',I5, 3X ,'MEAN ENERGY=',E12.5)
04740    75 FORMAT(//1H ,'-------------------------------------------------'
04750      &        /1H ,'              MONTE CARLO AVERAGE                 '
04760      &        /)
04770    80 FORMAT(1H ,'I=',I2, 2X ,'SMPLMN=',I5, 2X ,'SMPLMX=',I5, 2X,
04780      &             'MEAN ENERGY=',E12.5/)
04790                                                                  RETURN
04800                                                                  END
04810 C**** RADIALR ****
04820       SUBROUTINE RADIALR( R0, R )
04830 C
04840       IMPLICIT REAL*8 (A-H,O-Z)
04850 C
04860       INTEGER  SS
04870       PARAMETER( SS=200 )
04880 C
04890       COMMON /BLOCK12/ DR , RMX , CRAD , NRMX ,NR0MX
04900 C
04910       INTEGER  NRMX   , NR0MX
04920       REAL*8   R0(SS) , R(SS) , C0 , C1
04930 C
04940       C0     = DR/2.D0
04950 C                                                --- CALCULATE R(*) ---
04960       R0(1) = 0.8D0
04970       R(1)  = R0(1) + C0
04980 C
```

```
04990       DO 50 I=2,210
05000         R0(I) = R0(1) + DBLE(I-1)*DR
05010         C1      = R0(I) + C0
05020         IF( C1.GT.RMX )THEN
05030           NR0MX = I
05040           NRMX  = I-1
05050           GOTO 60
05060         END IF
05070         R(I) = C1
05080    50 CONTINUE
05090    60                                                            RETURN
05100                                                                  END
05110 C**** RADIALCA ****
05120       SUBROUTINE RADIALCA( N, L, RADIAL, R0CHKSQ )
05130 C
05140       IMPLICIT REAL*8 (A-H,O-Z)
05150 C
05160       COMMON /BLOCK1/  RX  , RY  , RZ
05170       COMMON /BLOCK12/ DR  , RMX , CRAD, NRMX , NR0MX
05180       COMMON /BLOCK13/ R   , R0
05190 C
05200       INTEGER  NN , TT , SS
05210       PARAMETER( NN=2050 , TT=600 , SS=200 )
05220 C
05230       INTEGER  N
05240       REAL*8   RX(NN) , RY(NN) , RZ(NN) , L
05250       REAL*8   RXIJ   , RYIJ   , RZIJ   , RIJ , RIJSQ
05260 C
05270       INTEGER  NR0   , NRMX   , NR0MX
05280       REAL*8   R(SS) , R0(SS) , RADIAL(SS) , L2
05290 C
05300       L2 = L/2.D0
05310       DO 10 I=1,NRMX
05320         RADIAL(I) = 0.D0
05330    10 CONTINUE
05340 C                                    --- CALCULATE RADIAL DIST. FUNC. ---
05350       DO 200 I=1,N
05360 C
05370 C
05380             DO 140 J=1,N
05390               IF( J .EQ. I ) GOTO 140
05400 C
05410               RXIJ = RX(J) - RX(I)
05420               IF( RXIJ .GE.  L2 ) RXIJ = RXIJ - L
05430               IF( RXIJ .LT. -L2 ) RXIJ = RXIJ + L
05440               RYIJ = RY(J) - RY(I)
05450               IF( RYIJ .GE.  L2 ) RYIJ = RYIJ - L
05460               IF( RYIJ .LT. -L2 ) RYIJ = RYIJ + L
05470               RZIJ = RZ(J) - RZ(I)
05480               IF( RZIJ .GE.  L2 ) RZIJ = RZIJ - L
05490               IF( RZIJ .LT. -L2 ) RZIJ = RZIJ + L
05500 C
05510               RIJSQ= RXIJ**2 + RYIJ**2 + RZIJ**2
05520 C                                         +++ OVER CHECK AREA(RADIAL) +++
05530               IF( RIJSQ .GE. R0CHKSQ ) GOTO 140
05540               RIJ = DSQRT(RIJSQ)
05550 C
05560               DO 130  NR0=2,NR0MX
05570                 IF( R0(NR0).GT.RIJ ) THEN
05580                   RADIAL(NR0-1) = RADIAL(NR0-1) + 1.D0
05590                   GOTO 140
05600                 END IF
05610   130         CONTINUE
```

```
05620 C
05630   140        CONTINUE
05640 C
05650 C
05660   200 CONTINUE
05670 C                             --- DIVIDE THE DATA BY SMALL VOLUME ---
05680       DO 210 I=1,NRMX
05690         RADIAL(I) = CRAD * RADIAL(I)/R(I)**2
05700   210 CONTINUE
05710       RETURN
05720       END
```

# 索　　引

## ア　行



## カ　行



## サ　行

## タ 行



## ナ 行



## ハ 行



## マ 行

## ヤ　行



## ラ　行

## 著者略歴


神山新一（Prof. S. Kamiyama）

1962年　東北大学大学院工学研究科博士課程修了（工学博士）
1998年　東北大学名誉教授（流体科学研究所）
現　在　秋田県立大学システム科学技術学部学部長
専　門　流体工学，磁性流体工学，電磁流体，気液二相流，機能・知能流体

佐藤　明（Prof. A. Satoh）

1989年　東北大学大学院工学研究科博士課程修了（工学博士）
現　在　秋田県立大学システム科学技術学部教授
専　門　分子シミュレーション，磁性流体工学，コロイド物理工学，ミクロ熱流体



分子シミュレーション講座
モンテカルロ・シミュレーション（新装版）　定価はカバーに表示

1997年5月10日　初　版第1刷
2020年1月5日　新装版第1刷

著　者　神　山　新　一
　　　　佐　藤　　　明
発行者　朝　倉　誠　造
発行所　株式会社　朝　倉　書　店
東京都新宿区新小川町 6-29
郵便番号　162-8707
電　話　03（3260）0141
FAX　03（3260）0180
http://www.asakura.co.jp

〈検印省略〉





三美印刷・渡辺製本

ISBN 978-4-254-12249-7 C 3341　Printed in Japan